配电网不停电作业工器具预防性试验

中国电力科学研究院有限公司　编

中国电力出版社
CHINA ELECTRIC POWER PRESS

内 容 提 要

本书在《带电作业工具、装置和设备预防性试验规程》（DL/T 976—2017）的基础上，对配电网不停电作业中常用工器具预防性试验所涉及的试验环境、试验设备以及试验方法等进行分析和解释。本书共 4 章，包括概述、绝缘工具的预防性试验、绝缘防护用具的预防性试验、检测及检修装置的预防性试验等内容。

本书可作为配电网不停电作业工器具试验人员的培训教材，还可作为相关专业工作人员的学习参考资料。

图书在版编目（CIP）数据

配电网不停电作业工器具预防性试验/中国电力科学研究院有限公司编. —北京：中国电力出版社，2021.9
ISBN 978-7-5198-6014-1

Ⅰ. ①配… Ⅱ. ①中… Ⅲ. ①配电系统–带电作业 Ⅳ. ①TM727

中国版本图书馆 CIP 数据核字（2021）第 190531 号

出版发行：中国电力出版社
地　　址：北京市东城区北京站西街 19 号（邮政编码 100005）
网　　址：http://www.cepp.sgcc.com.cn
责任编辑：肖　敏（010-63412363）
责任校对：黄　蓓　朱丽芳
装帧设计：赵丽媛　张俊霞
责任印制：石　雷

印　　刷：三河市万龙印装有限公司
版　　次：2021 年 9 月第一版
印　　次：2021 年 9 月北京第一次印刷
开　　本：710 毫米×1000 毫米　16 开本
印　　张：10.75
字　　数：161 千字
印　　数：0001—1500 册
定　　价：68.00 元

编 委 会

前　言

　　配电网不停电作业（以下简称配网不停电作业），指以实现用户的不停电或短时停电为目的而采用多种方式对电网设备进行检修的作业，包括架空线路带电作业及电缆线路不停电作业，它是减少配电网停电时间、提高配电网供电可靠性和优质服务水平的重要技术手段。在配网不停电作业过程中，作业人员使用的各类工器具除了需要满足作业的功能需求，还需要具备规定的机械性能和电气性能，以确保作业人员安全。因此，需要对配网不停电作业工器具开展定期的预防性试验，以校核其相关性能。

　　本书在《带电作业工具、装置和设备预防性试验规程》（DL/T 976—2017）的基础上，对配网不停电作业中常用工器具预防性试验所涉及的试验环境、试验设备以及试验方法等进行分析和解释，以便配网不停电作业工器具试验人员能更加准确地理解预防性试验要求，并开展相关试验工作。本书分为4章，第1章概述介绍了配网不停电作业的技术概况和相关工器具、预防性试验的技术要求和安全要求、常见预防性试验设备的试验原理和性能参数等；第2章绝缘工具的预防性试验主要介绍了绝缘操作杆、绝缘支拉吊杆、绝缘硬梯、绝缘滑车、绝缘绳索类工具、绝缘手工工具、绝缘横担和绝缘平台等绝缘工具的基本性能和预防性试验方法；第3章绝缘防护用具的预防性试验主要介绍了绝缘手套、绝缘袖套、绝缘服（披肩）、绝缘鞋（靴）、绝缘安全帽、绝缘垫、绝缘毯和绝缘遮蔽罩等防护用具的基本性能和预防性试验方法；第4章检测及检修装置的预防性试验主要介绍了核相仪、验电器、绝缘斗臂车、水冲洗工具、10kV带电作业用消弧开关和10kV旁路作业设备等装置的基本性能和预防性试验方法。本书图片丰富、文字简炼，还嵌入视频（二维码），让生产一线人员易学易用。

本书由中国电力科学研究院有限公司编写，武汉瑞九电力科技有限公司协助开展了相关试验现场的拍摄工作。同时，在本书的编写过程中，得到了国网山东省电力有限公司和国网湖北省电力有限公司的大力支持，在此表示衷心的感谢。

由于编者水平有限，书中难免会出现一些不当和错漏，恳请各位专家和读者提出宝贵意见。

编　者
2021年9月

目　　录

概　述

1.1　配网不停电作业

1.1.1　配网不停电作业技术概况

配网不停电作业指在确保用户不停电的情况下进行的作业,包括架空线路带电作业及电缆线路不停电作业,它是减少配电网停电时间、提高配电网供电可靠性和优质服务水平的重要手段之一。

配网不停电作业方式包括常规带电作业、旁路作业、短时停电作业等。作业工具装备除了常规带电作业绝缘工器具外,还有旁路电缆作业设备、移动箱式变电站、移动电源车等先进装备。通过综合利用各种配网不停电作业设备及方法,可以实现配电线路所有检修工作在用户不停电的情况下完成,同时还可以提供后备电源,保证重要用户的供电。

目前,世界上发达国家的电力企业在电力生产中都已经普遍采用不停电作业技术。我国开展带电作业技术研究及应用已有 60 多年历史,在输电、配电、变电带电作业领域均取得丰硕成果,积累了丰富经验。配网不停电作业的开展也为提高供电可靠性和优质服务水平发挥了重要的作用。

国家电网有限公司在配网不停电作业技术方面的研究已达到国际先进水

平，成立了各类专业组织，制订了系列技术标准，加强不停电作业理论研究和工器具的开发，并注重作业人员技能培训工作。

在配电架空线路带电作业项目方面，架空线路的绝大部分消缺、检修工作均可采用带电作业方式进行，如带电更换绝缘子、避雷器、横担、跌落式熔断器，带电修补导线、组立或撤除电杆，直线杆改耐张杆等。10kV 架空线路带电作业如图 1-1 所示。

(a)　　　　　　　　　　　　　　　　　　(b)

图 1-1　10kV 架空线路带电作业

（a）作业现场 1；（b）作业现场 2

在配电网电缆不停电作业方面，已系统地开展了电缆线路旁路作业、临时取电作业等作业技术研究，实现了电缆线路设备的不停电检修。10kV 电缆线路不停电作业如图 1-2 所示。

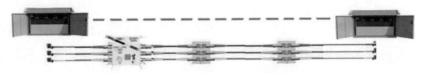

图 1-2　10kV 电缆线路不停电作业示意图

通常，在进行带电作业时，为了保证作业人员和设备的安全，需要满足：① 流过人体的电流不得大于 1mA；② 人体表面的电场不得大于 240kV/m；③ 人体与设备应保持足够的安全距离。

在配网不停电作业中，采用主绝缘和辅助绝缘多重防护的作业方法保证作业过程中作业人员和设备的安全。绝缘操作工具与绝缘承载工具作为相地之间的主绝缘，空气间隙作为相间的主绝缘，形成绝缘防护的第一道防线；设备绝缘遮蔽、隔离用具作为后备防护；人身绝缘防护用具作为最后一道防线，形成多重防护的安全防护，保证了作业人员的安全。

按照所使用的绝缘工具进行划分，配网不停电作业方法主要分为绝缘杆作业法和绝缘手套作业法。

（1）绝缘杆作业法：作业人员通过登杆工具（脚扣等）登杆至适当位置，系上安全带，保持与系统电压相适应的安全距离，作业人员应用端部装配有不同工具附件的绝缘杆进行作业。采用该种作业方式时，以绝缘工具、绝缘手套、绝缘靴组成带电体与地之间的纵向绝缘防护，其中绝缘工具起主绝缘作用，绝缘靴、绝缘手套起辅助绝缘作用，形成后备防护。在相间，空气间隙是主绝缘，绝缘遮蔽罩起辅助绝缘作用，组成不同相之间的横向绝缘防护，避免因人体动作幅度过大造成相间短路。

（2）绝缘手套作业法：作业人员通过绝缘斗臂车等运载工具接近带电设备，采用绝缘手套直接对设备进行作业。采用该种作业方式时，在相地之间，绝缘臂起主绝缘作用，绝缘斗、绝缘手套、绝缘靴起到辅助绝缘作用，绝缘遮蔽罩及全套绝缘防护用具（手套、袖套、绝缘服，绝缘安全帽）防止作业人员偶然触及两相导线造成电击。在相间，空气间隙起主绝缘作用，绝缘遮蔽罩形成相间后备防护，因作业人员距各带电部件相对距离较近，作业人员穿戴全套绝缘防护用具，形成最后一道防线，防止作业人员偶然触及两相导线造成电击。

目前，国家电网有限公司将配网不停电作业项目按照难易程度、作业方法等分为四大类、33 项，配网不停电作业项目分类见表 1-1，基本涵盖配电网检修所涉及的各项工作。

表 1-1　　　　　　　　　　配网不停电作业项目分类

序号	常用作业项目	作业类别	作业方式
1	普通消缺及装拆附件（包括修剪树枝、清除异物、扶正绝缘子、拆除退役设备；加装或拆除接触设备套管、故障指示器、驱鸟器等）	第一类	绝缘杆作业法

序号	常用作业项目	作业类别	作业方式
2	带电更换避雷器	第一类	绝缘杆作业法
3	带电断引流线（包括熔断器上引线、分支线路引线、耐张杆引流线）	第一类	绝缘杆作业法
4	带电接引流线（包括熔断器上引线、分支线路引线、耐张杆引流线）	第一类	绝缘杆作业法
5	普通消缺及装拆附件（包括清除异物、扶正绝缘子、修补导线及调节导线弧垂、处理绝缘导线异响、拆除退役设备、更换拉线、拆除非承力拉线；加装接地环；加装或拆除接触设备套管、故障指示器、驱鸟器等）	第二类	绝缘手套作业法
6	带电辅助加装或拆除绝缘遮蔽	第二类	绝缘手套作业法
7	带电更换避雷器	第二类	绝缘手套作业法
8	带电断引流线（包括熔断器上引线、分支线路引线、耐张杆引流线）	第二类	绝缘手套作业法
9	带电接引流线（包括熔断器上引线、分支线路引线、耐张杆引流线）	第二类	绝缘手套作业法
10	带电更换熔断器	第二类	绝缘手套作业法
11	带电更换直线杆绝缘子	第二类	绝缘手套作业法
12	带电更换直线杆绝缘子及横担	第二类	绝缘手套作业法
13	带电更换耐张杆绝缘子串	第二类	绝缘手套作业法
14	带电更换柱上断路器或隔离开关	第二类	绝缘手套作业法
15	带电更换直线杆绝缘子	第三类	绝缘杆作业法
16	带电更换直线杆绝缘子及横担	第三类	绝缘杆作业法
17	带电更换熔断器	第三类	绝缘杆作业法
18	带电更换耐张绝缘子串及横担	第三类	绝缘手套作业法
19	带电组立或撤除直线电杆	第三类	绝缘手套作业法
20	带电更换直线电杆	第三类	绝缘手套作业法
21	带电直线杆改终端杆	第三类	绝缘手套作业法
22	带负荷更换熔断器	第三类	绝缘手套作业法
23	带负荷更换导线非承力线夹	第三类	绝缘手套作业法
24	带负荷更换柱上断路器或隔离开关	第三类	绝缘手套作业法

序号	常用作业项目	作业类别	作业方式
25	带负荷直线杆改耐张杆	第三类	绝缘手套作业法
26	带电断空载电缆线路与架空线路连接引线	第三类	绝缘杆作业法、绝缘手套作业法
27	带电接空载电缆线路与架空线路连接引线	第三类	绝缘杆作业法、绝缘手套作业法
28	带负荷直线杆改耐张杆并加装柱上断路器或隔离开关	第四类	绝缘手套作业法
29	不停电更换柱上变压器	第四类	综合不停电作业法
30	旁路作业检修架空线路	第四类	综合不停电作业法
31	旁路作业检修电缆线路	第四类	综合不停电作业法
32	旁路作业检修环网箱	第四类	综合不停电作业法
33	从环网箱（架空线路）等设备临时取电给环网箱、移动箱变供电	第四类	综合不停电作业法

1.1.2　配网不停电作业工器具

1.1.2.1　绝缘工具

配网不停电作业用绝缘工器具应有良好的电气绝缘性能、高机械强度，同时还应具有吸湿性低、耐老化等特点。为了现场作业的方便，绝缘工具还应质量轻、操作方便、不易损坏。目前，配网不停电作业用绝缘工具大致可分为硬质绝缘工具和软质绝缘工具两大类。

1. 硬质绝缘工具

在硬质绝缘工具中，使用最广泛的是绝缘杆。此外，绝缘管材或板材又可以制成绝缘硬梯、绝缘托瓶架等。按照用途的不同，配网不停电作业用绝缘杆可分为操作杆、支杆、拉（吊）杆三类。

（1）操作杆：在带电作业时，作业人员手持其末端，用前端接触带电体进行操作的绝缘工具。

（2）支杆：在带电作业中，其两端分别固定在带电体和接地体（或构架、杆塔）上，以安全可靠地支撑带电体荷载的绝缘工具。

（3）拉（吊）杆：在带电作业过程中，与牵引工具连接并安全可靠地承受带电体荷载的绝缘工具。

硬质绝缘工具如图 1-3 所示。

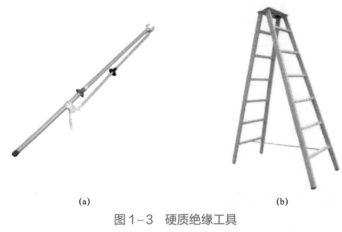

(a)　　　　　　　　　　　　　　　　(b)

图 1-3　硬质绝缘工具

（a）操作杆；（b）人字梯

2. 软质绝缘工具

绝缘绳是广泛应用于带电作业的一种软质绝缘工具，它可用于做运载工具、攀登工具、吊拉绳、连接套和保险绳等。制造绝缘绳的原料有两种，一种以天然丝为原料，主要是蚕丝；另一种以合成纤维为原料，主要是锦纶丝、聚乙烯、聚丙烯等。目前，制造绝缘绳的原料在我国以蚕丝为主，国外则以应用合成纤维为主。用绝缘绳制成的软质绝缘工具具有灵活、简便、易携带、适于野外作业等特点，在我国带电作业中得到了广泛的应用。绝缘绳索如图 1-4 所示。

1.1.2.2　安全防护用具

配网不停电作业安全防护用具主要包括绝缘遮蔽用具和绝缘防护用具。

图1-4　绝缘绳索

1. 绝缘遮蔽用具

在配电网电气设备上开展不停电作业时，在人体与带电体之间安装一层绝缘遮蔽罩或挡板，以弥补安全距离、空气间隙的不足，这种做法通常称为绝缘隔离措施。因为遮蔽罩或挡板与空气组合而成了组合绝缘，延伸了气体放电路径，因此可提高放电电压值。这种措施虽可以提高放电电压，但提高的幅度是有限的。

绝缘遮蔽罩由绝缘材料制成，是用于遮蔽带电导体或不带电导体部件的保护罩。在不停电作业中，绝缘遮蔽罩不起主绝缘作用，它只适用于在带电作业人员发生意外短暂碰撞时，即擦过接触时，起绝缘遮蔽或隔离的保护作用。根据遮蔽对象不同，常用绝缘遮蔽罩可分为导线遮蔽罩（绝缘软管）、耐张装置遮蔽罩、针式绝缘子遮蔽罩、棒型绝缘子遮蔽罩、横担遮蔽罩、电杆遮蔽罩、套管遮蔽罩、跌落式开关遮蔽罩、隔板、绝缘毯、特殊遮蔽罩等。绝缘遮蔽用具如图1-5所示。

2. 绝缘防护用具

配网不停电作业绝缘防护用具主要包括绝缘手套、绝缘袖套、绝缘服（披肩）、绝缘鞋（靴）和绝缘安全帽等，如图1-6所示。

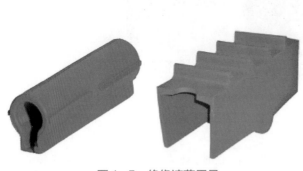
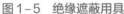

图1-5 绝缘遮蔽用具

图1-6 绝缘防护用具

（1）绝缘手套是指在高压电气设备上进行带电作业时起电气绝缘作用的手套。该手套区别于一般劳动保护用的安全防护手套，要求具有良好的电气性能、较高的机械性能，并具有良好的服用性能。绝缘手套用合成橡胶或天然橡胶制成，其形状为分指式。

（2）绝缘袖套指用绝缘材料制成的、保护作业人员接触带电体时免遭电击的袖套。

（3）作业人员身穿整套绝缘服在配电线路上作业时，一般采用两种方法。

第一种方法是身穿全套绝缘服通过绝缘手套直接接触带电体。绝缘服作为人体与带电体间的绝缘防护，可以解决配电线路净空距离过小的问题。但是考虑到绝缘护具本身耐受电压的安全裕度及使用中可能产生磨损，因此，在直接作业中仅作为辅助绝缘而不作为主绝缘；作为相对地主绝缘的是高空作业车的绝缘臂或绝缘平台，相间的绝缘防护是空气间隙及绝缘遮蔽罩。

第二种方法是通过绝缘工具进行间接作业，绝缘工具作为主绝缘，绝缘服和绝缘手套作为人身安全的后备保护用具。

（4）绝缘鞋（靴）和绝缘安全帽是配电线路带电作业时使用的辅助安全用具。

1.1.2.3　检测及检修装置

1. 检测仪器

配网不停电作业常用的检测仪器主要是核相仪和验电器等，其中，核相仪用于旁路临时取电作业、带负荷检修设备等存在相位可能发生变动的情况，需要校验相序相同后才能进行同期并列允许。核相仪是通过采集高压线路频率和相位信息，并通过计算判断两个已带电部位之间正确相位关系的便携式装置。核相仪如图 1-7 所示。

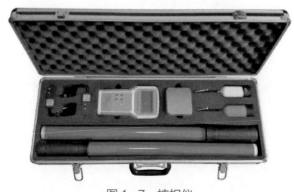

图 1-7　核相仪

验电器用于在带电作业前对带电体和接地体进行验电，可有效确认杆上设备绝缘情况是否良好。在配电网检修作业中一般使用电容型验电器进行验电，它是通过检测流过验电器对地杂散电容中的电流来检验高压电气设备、线路是否带有运行电压的装置。验电器如图 1-8 所示。

2. 绝缘斗臂车

绝缘斗臂车通常指能在大于 10kV 的线路上进行带电高空作业，其工作斗、

图1-8　验电器

工作臂、控制油路和线路、斗臂结合部能满足一定的绝缘性能指标，并带有接地线的高空作业车。只采用工作斗绝缘的高空作业车一般不列入绝缘斗臂车范围。

我国的绝缘斗臂车通常在 10、35kV 的配电线路广泛使用。由于线路位置、配套底盘、使用效率、产品价格等多种因素的限制，110kV 及以上电压等级的输电线路的带电作业较少使用绝缘斗臂车。绝缘斗臂车如图 1－9 所示。

3. 消弧开关

带电作业消弧开关是由消弧管、开关断口及机械联动装置组成的装置，具有开合空载架空和电缆线路电容电流功能和一定灭弧能力。消弧开关如图 1-10 所示。

图 1-9　绝缘斗臂车

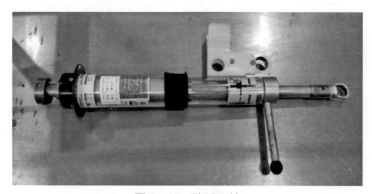

图 1-10　消弧开关

4. 旁路作业设备

旁路作业是通过旁路设备的接入，将配电线路中的负荷转移至旁路系统，实现待检修设备停电检修的作业方式，其所使用的主要旁路设备包括旁路负荷开关、旁路柔性电缆和旁路连接器。旁路作业设备如图 1-11 所示。

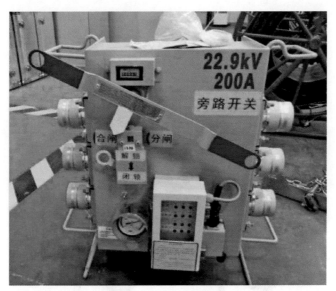

图 1-11　旁路作业设备

1.2　预防性试验

1.2.1　预防性试验概述

为了发现配网不停电作业工具、装置和设备的隐患，预防发生设备或人身事故而进行的周期性检查、试验或检测，即预防性试验，它是保证配网不停电作业人员安全及电力系统安全可靠运行的重要技术措施之一。

1. 预防性试验分类

配网不停电作业工器具预防性试验一般包括工器具电气性能的绝缘预防性试验和机械性能试验两类。

（1）配网不停电作业工器具绝缘预防性试验分为两大类。

1）通过测试工器具绝缘的某些特性参数来判断绝缘的状况，称为检查性试验。这类试验一般是在较低电压下进行的，不会对绝缘造成损伤，因此亦称为非破坏性试验。

2）通过对绝缘施加各种较高的试验电压来考核其电气强度，称为耐压试验。配网不停电作业工器具耐压试验项目主要包括工频耐压试验、直流耐压试验、泄漏电流试验等。

（2）配网不停电作业工器具机械性能试验主要包括静负荷试验和动负荷试验。

1）静负荷试验是为了考核带电作业工具、装置和设备承受机械荷载（拉力、扭力、压力、弯曲力）的能力所进行的试验。

2）动负荷试验是在静负荷试验的基础上考虑因运动、操作而产生横向或纵向冲击作用力的机械荷载试验。

2. 预防性试验标准

对配网不停电作业工器具进行预防性试验时，应执行相应国家标准、行业标准及企业标准的规定。一般宜先进行外观检查，再进行机械试验，最后进行电气试验。电气试验按《高电压试验技术　第 1 部分：一般定义及试验要求》（GB/T 16927.1—2011）的要求进行。试验时，试品应干燥、清洁，试品温度达到环境温度后方可进行试验，户外试验应在良好的天气进行，且空气相对湿度一般不高于 80%。试验时，应测量和记录试验环境的温湿度及气压。

通常，对于不停电作业绝缘工具，如绝缘操作杆、绝缘支杆、绝缘拉杆、绝缘吊杆、绝缘托瓶架、绝缘硬梯、绝缘绳索类工具、绝缘手工工具、绝缘横担、绝缘平台等，预防性试验周期为 12 个月；对于安全防护用具，如绝缘手套、绝缘袖套、绝缘服、绝缘鞋（靴）、绝缘安全帽、绝缘毯、绝缘垫、遮蔽罩等，预防性试验周期为 6 个月；对于金属承力工具，如绝缘子卡具、紧线卡线器、液压紧线器等，只做机械性能试验，试验周期为 24 个月。

一般而言，交流 220kV 及以下电压等级的带电作业工具、装置和设备，采用 1min 交流耐压试验；交流 330kV 及以上电压等级的带电作业工具、装置和设备，采用 3min 交流耐压试验和操作冲击耐压试验。直流带电作业工具、装置和设备，采用 3min 直流耐压试验和操作冲击耐压试验。在进行直流耐压试验时，应采用负极性接线。操作冲击耐受电压试验应采用正极性接线，对试品施加 15 次波形为 250/2500μs 的正极性冲击电压。配网不停电作业工具一般采用 1min 交流耐压试验。

预防性试验结果应与该工具、装置和设备历次试验结果相比较，与同类工具、装置和设备试验结果相比较，参照相关的试验结果，根据变化规律和趋势，进行全面分析后做出判断。

经预防性试验合格的带电作业工具、装置和设备，应在明显位置贴上试验合格标志，内容应包含检验周期、检验日期等信息。

1.2.2　预防性试验技术要求

1.2.2.1　高压实验室的环境条件

高压实验室主要依据《高电压试验技术　第 1 部分：一般定义及试验要求》（GB/T 16927.1—2011）的规范执行，为确保配网不停电作业工具预防性试验的顺利开展，高压实验室应满足以下基本要求。

1. 大气环境

在高压实验室周边和室内，大气中不得有导电性和腐蚀性介质。实验室内年平均相对湿度不大于 70%，一年中相对湿度超过 90% 的天数不得多于 30d，相对湿度超过 80% 的天数不得多于 60d。不具备以上环境条件的高压实验室宜安装空气调节装置。

如果在自然大气环境下不能保证实验室内气温高于 5℃，宜安装供暖系统。如果在自然大气环境下不能保证实验室内气温低于 35℃，宜安装冷风系统。

2. 电磁环境

紧邻高压实验室的建筑物内不得有工业生产用大电流或高电压设备投运。供暖、供气、供水管道在进出实验室处应设置绝缘隔离。实验室建筑结构中的所有导电体均要可靠接地。有局部放电测量任务的高压实验室，在高压实验室选址前应测量及预计当地无线电干扰程度，必要时安装电磁屏蔽。

3. 供电电源

高压实验室应有额定电压 380V 的三相五线供电电源。电源容量不小于实验室所有低压供电设备最大用电功率之和。电源波形失真度应不大于 5%（任一时刻的电压与基波电压的偏差不超出幅值的±5%范围）。高压实验室如有需要使用中压（例如 6kV 或 10kV）供电的设备，还应按设备最大容量配备相应的中压供电电源。容量大的中压供电电源还要进行三相电源平衡设计，避免在使用中由于三相不对称造成中性点电位发生异常位移。

实验室内供电系统应使用带屏蔽护套的电缆，宜敷设在专用的电力电缆沟的支架上。电力电缆不宜与通信及控制电缆同沟敷设。在高压试验设备附近宜设置满足其工作要求的取电点。

4. 空间尺寸

高压实验室的空间尺寸应满足试验区最小尺寸要求。试验区最小尺寸包括高压试验设备与实验室墙壁、吊顶的安全距离以及试品与高压试验设备及实验室墙壁、吊顶的安全距离。为了满足测量准确度的要求，还要考虑测量分压器与试品、试验设备以及实验室墙壁、吊顶的安全距离。

对于主要开展配网不停电作业工具预防性试验的高压实验室，工频试验电压（有效值）不超过 100kV 时，其带电部分对地及其他带电设备之间安全距离为 1.5m，人与带电设备之间安全距离为 2m。海拔高于 1000m 的地区，还应再按每千米 10%的系数增加安全距离。

5. 接地网

高压实验室应安装接地网，接地网的接地电阻在最大地电流下电压降应不大于 1.5kV，且最大不得超过 0.5Ω。接地导体在最大地电流下电压降应不大于 36V，且最大不得超过 0.05Ω。高压实验室如图 1－12 所示。

图 1-12　高压实验室

1.2.2.2　交流耐压试验

1. 交流耐压试验原理

对于 220kV 及以下的电气设备，一般用交流耐压试验来考验其耐受工作电压和操作过电压的能力。

交流耐压试验是检验配网不停电作业工器具绝缘强度的最有效和最直接的方法。它可用来确定工器具绝缘的耐受水平，判断其能否用于配网不停电作业中，是避免配网不停电作业发生绝缘事故的重要手段。交流耐压试验时，对工器具绝缘施加比工作电压高得多的试验电压，这些试验电压称为工器具的绝缘水平。交流耐压试验能够有效地发现导致绝缘强度降低的各种缺陷。为避免试验时损坏工器具，交流耐压试验必须在一系列非破坏性试验之后进行。工器具只有经过非破坏性试验合格后，才允许进行交流耐压试验。

按相关国家标准规定，进行配网不停电作业工器具交流耐压试验时，在绝缘上施加工频试验电压后，要求持续 1min，这样既能保证全面观察被试品的情况，同时也能使设备隐藏的绝缘缺陷来得及暴露出来。该时间不宜太长，以免引起不应有的绝缘损伤，使本来合格的绝缘发生热击穿。

2. 试验变压器

对配网不停电作业工器具进行工频耐压试验时，常利用工频试验变压器来获得工频高压，其接线如图 1-13 所示。

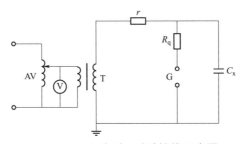

图 1-13　交流耐压试验接线示意图

AV—调压器；T—试验变压器；r—保护电阻；C_x—试品等值电容；

G—电压测量球隙；R_q—球隙电阻

通常被试品都是电容性负载，试验时，电压应从零开始逐渐升高。如果在交流试验变压器一次绕组上不是由零逐渐升压，而是突然加压，则由于励磁涌流会在被试品上出现过电压；或者在试验过程中突然将电源切断，这相当于切除空载变压器（小电容试品时）也将引起过电压。因此，必须通过调压器逐渐升压和降压。r 是交流试验变压器的保护电阻。试验时如果被试品突然击穿或放电，工频试验变压器不仅由于短路会产生过电流，而且还将由于绕组内部的电磁振荡在工频试验变压器匝间或层间绝缘上引起过电压。为此在交流试验变压器高压出线端串联一个保护电阻 r，其作用一是限制短路电流，二是阻尼放电回路的振荡过程。保护电阻 r 的数值不宜太大或太小。阻值太小短路电流过大，起不到应有的保护作用；阻值太大会在正常工作时由于负载电流而有较大的电压降和功率损耗，从而影响加在被试品上的电压值。一般 r 的数值可按将回路放电电流限制到工频试验变压器额定电流的 1～4 倍左右来选择，通常取 0.1Ω/V。保护电阻应有足够的热容量和足够的长度，以保证当被试品击穿时不会发生沿面闪络。

交流试验变压器大多采用油浸式变压器，这种变压器有金属壳及绝缘壳两类。金属壳变压器可分为单套管和双套管两种。单套管试验变压器的高压绕组一端可与外壳相连，但为了测量上的方便常把此端不直接与外壳相连，而经一个几千伏的小套管引到外面再与外壳一起接地，如有必要时可经过仪表再与外壳一起接地。这种结构多用于 200～300kV 以下的试验变压器中。在图 1-14 所示双套管的试验变压器中，高压绕组分成两部分绕在铁心上，其中点与铁心相连，两端点各经过一只套管引出，X 端接地。因此高压绕组和套管对铁心、外壳的绝缘只要按全电压的一半来考虑就行了。变压器外壳对地的绝缘也按全电压的一半来考虑。这种结构大大减轻了变压器内绝缘的负担，可大大减小绝缘的成本和制造难度，特别适用于 500kV 以上的串级试验变压器中。

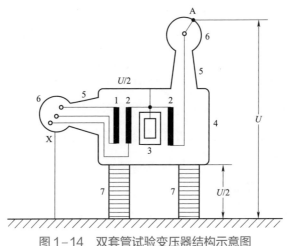

图 1-14　双套管试验变压器结构示意图

1—低压绕组；2—高压绕组；3—铁心；4—油箱；

5—瓷套管；6—屏蔽电极；7—瓷支柱

3. 调压装置

交流试验变压器的调压装置有：自耦式调压器、移卷式调压器、感应式调压器和电动—发电机组。

（1）自耦调压器调压的特点为调压范围广、功率损耗小、漏抗小、波形畸变小、体积小、价格低廉。当试验变压器的功率不大时（单相不超过 10kVA），这是一种很好的被普遍应用的调压方式；但当试验变压器的功率较大时，由于调压器滑动触头的发热、部分线匝被短路等所引起的问题较严重，此时这种调压方式就不适用。

（2）移卷调压器调压方式不存在滑动触头及直接短路线匝的问题，故容量可做得很大，且可以平滑无级调压。但因移卷调压器的漏抗较大，且随调压过程而变，这样会使空载励磁电流发生变化，试验时有可能出现电压谐振现象，出现过电压。这种调压方式被广泛地应用在对波形的要求不十分严格、额定电压为 100kV 及以上的试验变压器上。

（3）特制的单相感应调压器性能与移卷调压器相似，但对波形的畸变较大，本身的感抗也较大，且价格较贵，故一般很少采用。

（4）电动—发电机组调压方式能得到很好的正弦电压波形和均匀的电压调节，但这种调压方式所需的投资及运行费用很大，运行和管理的技术水平也要求较高，故这种调压方式只适宜对试验要求很严格的大型试验基地应用。

4. 电容分压器

交流耐压试验中，交流高电压测量的方法主要有静电电压表法、分压器测量法、高值电阻串联电流表法和球隙测量法等。目前最常用的交流高压测量装置是电容分压器，它是由高压臂电容 C_1 和低压臂电容 C_2 串联而成，其测量电路如图 1-15 所示。C_2 的两端为输出。

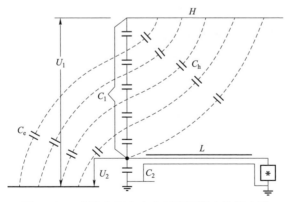

图 1-15　交流高压电容分压器测量电路示意图

为了防止外电场对测量电路的影响，通常用高频同轴电缆来传输分压信号，该电缆的电容应计入低压臂的电容量中。测量仪表在被测电压频率下的阻抗应足够大，至少要比分压器低压臂的阻抗大几百倍，可采用高阻抗的静电式仪表或电子式仪表（包括示波器、峰值电压表等）。

若略去杂散电容的影响不计，则电容分压器的分压比为

$$K = \frac{U_1}{U_2} = \frac{C_1 + C_2}{C_1}$$

分压器各部分对地杂散电容（图 1 – 15 中 C_e）和对高压端杂散电容（图 1 – 15 中 C_h）的存在，会在一定程度上影响其分压比。不过只要周围环境不变，这种影响就将是恒定的，并不随被测电压的幅值、频率、波形或大气条件等因素而变。所以对一定的环境，只要一次准确地测出其分压比，则此分压比即可适用于各种交流高压的测量。

1.2.2.3　泄漏电流试验

泄漏电流试验是对被试电气设备绝缘加上一定的交流电压，在这个电压下，测量绝缘对地及相之间的泄漏电流，以判断设备绝缘状况。测量泄漏电流所用的设备要比绝缘电阻表复杂，由于试验电压高，所以就容易暴露绝缘本身的弱点，用电流表（μA 级）直测泄漏电流，这可以做到随时进行监视，灵敏度高，并且可以用电压和电流、电流和时间的关系曲线来判断绝缘的缺陷。因此，泄漏电流试验属于非破坏性试验的方法。

由于电压是分阶段地加到绝缘试样上，便可以对电压进行控制。当电压增加时，薄弱的绝缘将会出现大的泄漏电流，也就是得到较低的绝缘阻抗。将电压加到绝缘上时，其泄漏电流是不衰减的，在加压到一定时间以后，电流表的读数就等于泄漏电流值。绝缘良好时，泄漏电流和电压的关系几乎呈一直线，且上升较小；绝缘受潮时，泄漏电流则上升较大；当绝缘有贯通性缺陷时，泄漏电流将猛增，和电压的关系就不是直线了。因此，通过泄漏电流和加压时间变化的关系曲线就可以对绝缘状态进行分析判断，如图 1 – 16 所示。

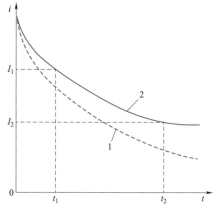

图 1-16　泄漏电流与加压时间的关系曲线

1—良好；2—受潮或有缺陷

一般绝缘试样的泄漏电流一般较小，因此易受到以下因素的影响。

（1）高压连接导线。由于接往被测设备的高压导线是暴露在空气中的，当其表面场强高于约 20kV/cm 时（取决于导线的直径、形状等），沿导线表面的空气发生电离，对地有一定的泄漏电流，这一部分电流会流过电流表，从而影响测量结果的准确度。一般都把电流表固定在升压变压器的上端，这时就必须用屏蔽线作为引线，也要用金属外壳把电流表屏蔽起来。

屏蔽线宜用低压的软金属线，因为屏蔽和芯之间的电压极低，致使仪表的压降较小，金属的外壳屏蔽一定要接到仪表和升压变压器引线的连接点上，要尽可能地靠近升压变压器出线。这样，电晕虽然还照样发生，但只在屏蔽线的外层上产生电晕电流，而这一电流就不会流过电流表，这样可以完全防止高压导线电晕放电对测量结果的影响。由上述可知，这样接线会带来一些不便，为此，根据电晕的原理，采取用粗而短的导线、增加导线对地距离、避免导线有毛刺等措施，可减小电晕对测量结果的影响。

（2）表面泄漏电流。泄漏电流可分为体积泄漏电流和表面泄漏电流两种，如图 1-17 所示。表面泄漏电流的大小，主要取决于被试设备的表面情况，如表面受潮、脏污等。若绝缘内部没有缺陷，仅表面受潮，实际上并不会降低其内部绝缘强度。为真实反映绝缘内部情况，在泄漏电流测量中，所要测量的只是体积电流。但是在实际测量中，表面泄漏电流往往大于体积泄漏电流，这给分析、判断被试设备的绝缘状态带来了困难，因而必须消除表面泄漏电流对真实测量结果的影响。

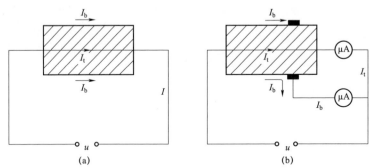

图 1-17　通过被试设备的体积泄漏电流和表面泄漏电流及消除示意图
（a）未屏蔽；（b）屏蔽

消除表面泄漏电流的办法：① 使被试设备表面干燥、清洁且高压端导线与接地端要保持足够的距离；② 采用屏蔽环将表面泄漏电流直接短接，使之不流过电流表。

（3）温度。与绝缘电阻测量相似，温度对泄漏电流测量结果有显著影响；所不同的是，温度升高，泄漏电流增大。

由于温度对泄漏电流测量有一定影响，所以测量最好在被试设备温度为30～80℃时进行。因为在这样的温度范围内，泄漏电流的变化较为显著，而在低温时变化小，故应在停止运行后的热状态下进行测量，或在冷却过程中对几种不同温度下的泄漏电流进行测量，这样做也便于比较。

（4）电源电压的非正弦波形。在进行泄漏电流测量时，供给整流设备的交流高压应该是正弦波形。如果供给整流设备的交流电压不是正弦波，则对测量结果是有影响的。影响电压波形的主要是三次谐波。

必须指出，在泄漏电流测量中，调压器对波形的影响也是很多的。实践证明，自耦变压器畸变小，损耗也小，故应尽量选用自耦变压器调压。另外，在选择电源时，最好用线电压而不用相电压，因相电压的波形易畸变。

如果电压是直接在高压直流侧测量的，则上述影响可以消除。

（5）加压速度。对被试设备的泄漏电流本身而言，它与加压速度无关，但是用电流表所读取的并不一定是真实的泄漏电流，而可能是包括吸收电流在内的合成电流。这样，加压速度就会对读数产生一定的影响。对于电缆、电容器等设备来说，由于设备的吸收现象很强，这时的泄漏电流要经过很长的时间才能读到，而在测量时，又不可能等很长的时间，大多是读取加压后 1min 或 2min 时的电流值，这一电流显然还包含着被试设备的吸收电流，而这一部分吸收电流是和加压速度有关的。如果电压是逐渐加上的，则在加压的过程中，就已有吸收过程，读取的电流值就较小；如果电压是很快加上的，或者是一下子加上的，则在加压的过程中就没有完成吸收的过程，而在同一时间下读取的电流值就会大一些。对于电容大的设备就是如此，而对电容量很小的设备，因为其没有什么吸收过程，则加压速度所产生的影响不大。但是，按照一般步骤进行泄漏电流测量时，很难控制加压的速度，所以对大容量的设备进行测量时，就容易出现问题。

（6）电流表接线位置。在测量接线中，电流表接的位置不同，测得的泄漏电流数值也不同，因而对测量结果有很大影响。图 1-18 所示为电流表接在不同位置时的分析用图。由图 1-18 可见，当电流表处于 PA1 位置时，此时升压变压器 T 和 C_B 及 C_{12}（低压绕组可看成地电位）和稳压电容 C 的泄漏电流与高压导线的电晕电流都将有可能通过电流表。这些试品的泄漏电流有时甚至远大于被试设备的泄漏电流。在某种程度上，当带上被试设备后，由于高压引线末端电晕的减少，总的泄漏电流有可能小于试品的泄漏电流，这样的话从总电流减去试品电流的做法将产生异常结果。特别是当被试设备的电容量很小，又没有装稳压电容时，在不接入被试设备来测量试品的泄漏电流时，升压变压器 T 的高压绕组上各点的电压与接入被试设备进行测量时的情况有显著的不同，这将使上述减去所测试品泄漏电流的办法产生更大的误差。所以当电流表处于升压变压器的低压端时，测量结果受杂散电流影响最大。

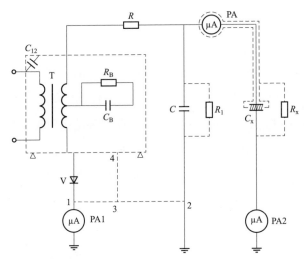

图1-18　电流表接在不同位置时的分析示意图

为了既能将电流表装于低压端，又能比较真实地消除杂散电流及电晕电流的影响，可选用绝缘较好的升压变压器。这样，升压变压器一次侧对地及一、二次侧之间杂散电流的影响就可以大大减小。经验表明，一、二次侧之间杂散电流的影响是很大的。另外，还可将高压进线用多层塑料管套上，将被试设备的裸露部分用塑料、橡胶之类绝缘物覆盖上，能提高测量的准确度。

除采用上述措施外，也可将接线稍加改动。如图1-18所示，将1、2两点和3、4两点连接起来（在图中用虚线表示），并将升压变压器和稳压电容器对地绝缘起来。这样做能够得到较为满意的测量结果，但并不能完全消除杂散电流等的影响，因为高压引线的电晕电流还会流过电流表。

当被试设备两极对地均可绝缘时，可将电流表接于PA2位置，即电流表处于被试设备低电位端。此位置除了受表面泄漏电流的影响外，不受杂散电流的影响。

当电流表接于图1-18中的PA位置时，如前所述，若屏蔽很好，其测量结果是很准确的。

1.2.2.4　机械性能试验

配网不停电作业工具的机械性能试验分静负荷试验和动负荷试验两种。有些工具，如绝缘拉板（杆）、吊线杆等，只做静负荷试验；而有些可能受到冲击荷载作用的工具，如操作杆、收紧器等除做静负荷试验外，还应做动负荷试验。

1. 静负荷试验

静负荷试验是使用专用加载工具（或机具），以缓慢的速度给被试品施加荷载，并维持一定加载时间，以检验被试品变形情况为目的的试验项目。试验施加的荷载为被试品允许使用荷载的 2.5 倍，持续时间为 5min，卸载后试品各部件无永久变形即为合格。

使用荷载可按以下原则确定：① 紧、拉、吊、支工具（包括牵引器、固定器），凡厂家生产的产品可把铭牌标注的允许工作荷载作为使用荷载，也可按实际使用情况来计算最大使用荷载；② 载人工具（包括各种单人使用的梯子、吊篮、飞车等），以人及人体随身携带工具的质量作为使用荷载；③ 托、吊、钩绝缘子工具，以一串绝缘子的质量为使用荷载。在进行静负荷试验时，加载方式为：将工具组装成工作状态，模拟现场受力情况施加试验荷载。

2. 动负荷试验

动负荷试验是检验被试品在经受冲击时，机构操作是否灵活可靠的试验项目。因此，其所施负荷量不可太大；一般规定用 1.5 倍的使用荷载加在安装成工作状态的被试品上，操作被试品的可动部件（例如丝杠柄、液压收紧器的扳把及卸载阀等），操作三次，无受卡、失灵及其他异常现象为合格。由于操作杆经常用来拔取开口销、弹簧销或拧动螺钉，因此也要做抗冲击和抗扭试验。

1.2.3 预防性试验的安全要求

1.2.3.1 试验人员安全要求

开展配网不停电作业工器具预防性试验的高压实验室试验人员应掌握相应的专业技能，通过考核合格后才能上岗操作。试验人员需熟悉并正确理解相关标准，如《高电压试验技术　第 1 部分：一般定义及试验要求》（GB/T 16927.1—2011）、《高电压试验技术　第 2 部分：测量系统》（GB/T 16927.2—2013）、《试验变压器》（JB/T 9641—1999）、《高压试验装置通用技术条件》（DL/T 848 系列标准）等。此外，高压试验人员需身体健康，无妨碍工作的病症；应学会紧急救护法，特别要学会触电急救法；应了解消防的一般知识，会使用试验室消防设施。

1.2.3.2 高压实验室安全要求

高压实验室必须有良好的接地系统，以保证高压试验的测量准确度和人身安全，接地电阻不超过 0.5Ω。试验设备的接地点与被试设备的接地点之间应有可靠的金属性连接。实验室内所有的金属架构，固定的金属安全屏蔽栅栏均必须与接地网有牢固的连接。接地点应有明显可见的标志。

为了保证接地系统始终处于完好状态，每 5 年应测量一次接地电阻，测量接地点的通断状态，对接地线和接地点的连接进行一次检查。

高压实验室应保持光线充足，门窗严密，通风设施完备。通往试区的门与试验电源应有联锁装置，当通往试区的门打开时，应发出报警信号，并使试验电源跳闸。户外试验场宜有电源开关紧急按钮，以便在发生危急情况时可迅速切断电源。

实验室内地面平整，留有符合要求、标志清晰的通道。室内布置整洁，不许随意堆放杂物。实验室周围应有消防通道，并保证畅通无阻。

高压实验室应按规定设置安全遮栏、标示牌、安全信号灯及警铃，控制室应铺橡胶绝缘垫。

根据实验室的性质和需要，配备相应的安全工器具，防毒、防射线、防烫伤的防护用品以及防爆和消防安全设施，配备应急照明电源。

试验设备应保持良好状态，发现缺陷及时处理，并应做好缺陷及处理记录。严禁试验设备带缺陷强行投入试验。

实验室的高、低压配电装量应符合有关标准，定期维修，安全可靠。

1.2.3.3　机械性能试验室安全要求

机械性能实验室应满足《检测实验室安全　第3部分：机械因素》（GB/T 27476.3—2014）的要求。

1. 人员

操作设施或设备的人员应通过培训，使其具备足够的安全操作能力，包括：掌握相关设备的操作特性、基本安全工作规范和紧急情况处理程序，尤其应注意佩戴合适的个体防护装备。培训记录应存档。

对于特种设备、特殊岗位，操作人员应按照我国相关法律法规的规定，持证上岗。

2. 设备

机械试验设备应根据制造商的安装要求安装，或由制造商的专业人员安装设备。应要求制造商提供详细的安全操作说明书，说明书用中文表述，语言清晰、表述明确。操作前，应正确理解说明书的内容。

机械设备应在其额定条件下使用。机械零件的运动包括旋转、平移、往复运动或其组合，可能造成切伤、割伤或压伤等伤害。尤其是旋转部件所受的离心力随着转速的增加而增加，机械零件易产生应力，应防护其飞溅所产生的危险。

操作人员应穿戴合适的服装，实验室内安装合适的防护装置和阻挡物、安全联锁装置等，便于降低危险程度。设备使用前，应预先辨识实验室危险源并做风险评价。机械设备宜有失效保护装置，且在意外断电并恢复供电后，应手动复位才能启动。

1.3 常见预防性试验设备

1.3.1 电气试验设备

1. 升压装置及控制台

控制箱（台）是由接触式调压器（50kVA 以上为电动柱式调压器）及其控制、保护、测量、信号电路组成。它是通过接入 220V 或 380V 工频电源，调节调压器（即试验变压器的输入电压），接入高压试验变压器的一次侧绕组，根据电磁感应原理，以获得所需要的试验高压电压值。升压装置及控制台如图 1-19 所示。

(a)　　　　　　　　　　　　　　　　(b)

图 1-19　升压装置及控制台

(a) 升压装置；(b) 控制台

对于配网不停电作业工器具预防性试验，其升压装置的主要性能参数如下。

（1）额定输出电压（AC）：50～100kV。

（2）额定功率：10～20kVA。

（3）输出电压频率：45～55Hz。

（4）系统短路阻抗：≤20%。

（5）总电容量：0.5～1.0nF。

（6）试验电压波形应为近似正弦波，且正半波峰值与负半波峰值的幅值差应小于 2%。

（7）调压设备采用精密步进调压，10kVA 调压器内置在操作台内以节省空间，10kVA 以上采用独立调压柜；同时测量电源电压及电流、变压器低压电压及电流；通过光纤与高压表通信实现电气隔离，高压表同时测量电压峰值及有效值。

2. 自动试验水槽

在绝缘手套、绝缘靴以及绝缘袖套等防护用具的电气试验中，需要使用液体作为电极开展测试，为了提高试验效率，一般采用自动试验水槽作为试样布置装置。

自动试验水槽自动控制注水位并运动到试验位，可满足不同等级的试品吃水深度，实现无极自动调节。采用活动防滑、夹力可调节的大夹力试品夹，可适配不同尺寸的试样。每路试品单独测量泄漏电流，泄漏电流超过允许值时自动脱扣断开本试验回路，不影响其他试品继续试验，最高可实现 8 路样品同时开展测试。自动试验水槽如图 1-20 所示。

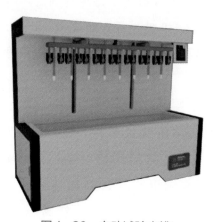

图 1-20　自动试验水槽

3. 工频耐压通用试验台

工频耐压通用试验台采用不锈钢台面作为试验支撑面和地电极，伞裙式绝缘支柱支起一不锈钢圆管作为高压电极或支架，可实现绝缘毯、绝缘垫、绝缘遮蔽罩等工器具的耐压试验。工频耐压通用试验台如图 1-21 所示。

图 1-21 工频耐压通用试验台

4. 绝缘杆试验架

绝缘杆试验架采用复合支柱绝缘子作为主绝缘，爬电距离大、耐压高，支柱绝缘子上下各一环形电极可用于绝缘杆固定，通过调节上、下环形电极的间距实现同时试验 6~8 件试品，可完成 10~500kV 多种规格的带电作业工器具和安全工器具中绝缘杆的耐压试验。绝缘杆试验架如图 1-22 所示。

5. 绝缘绳索试验架

绝缘绳索试验架采用旋绕式结构，脚踏开关自动绕绳，一次绕绳可达 100m。主连接电极杆采用沟槽型设计，可实现绝缘绳缠绕过程中自动分度，且绳杆接触更紧密，高低端通过高压线经聚四氟乙烯套管进行连接，充分保证耐压强度且连接高压及接地方便简单，可满足 400、500mm 和 600mm 三种试验距离的要求，调整简单快捷。绝缘绳索试验架如图 1 - 23 所示。

图 1-22 绝缘杆试验架　　　　图 1-23 绝缘绳索试验架

6. 验电器试验架

验电器试验架采用一键式操控，按照试验间距可一次性准确地自动平移至试验位，无需人为调整。导轨上另安装有一个可移动的夹持验电器的支架，夹持位置可调，定位准确。验电器试验架分 35kV 及以下电压等级、35kV 以上电压等级两种规格，实现启动电压试验。验电器试验架如图 1 - 24 所示。

1.3.2 机械试验设备

1. 机械性能试验操控台

机械性能试验操控台可根据试验样品和试验项目设定试验参数控制机械试验设备，具备曲线、位移、力值动态显示功能并记录峰值数据。机械性能试验操控台如图 1 - 25 所示。

图1-24 验电器试验架

图1-25 机械性能试验操控台

2. 静负荷试验机

静负荷试验机可进行绝缘杆、绝缘绳、安全带、安全帽等工器具的力学性能测试，通过辅助支撑附件，可进行绝缘杆、托瓶架等器具的抗弯静负荷试验。在试验过程中，受力小于 90%设定负荷时会自动匀速加力，达到设定负荷时停止加载；如果试验传感器检测到受力突然变小，则认为试件破裂，立刻自动卸载，若未达到设定负荷则取值最大力，若已达到设定负荷，则取值在设定负荷下保持多长时间，取值后回到初始状态。静负荷试验机如图 1-26 所示。

3. 冲击负荷试验机

冲击负荷试验机可进行安全帽等工器具的冲击性能试验和耐穿刺性能试验，符合《安全帽测试方法》(GB/T 2812—2006)要求，具备显示实时采集曲线、最大冲击力、加速度、数据曲线放大等功能。冲击试验机如图 1-27 所示。

图 1-26　静负荷试验机

图 1-27　冲击试验机

2

绝缘工具的预防性试验

配网不停电作业中常用绝缘工具大致可分为硬质绝缘工具和软质绝缘工具两大类。其中，硬质绝缘工具一般采用玻璃纤维增强的环氧复合材料制成，具有强度高、质量轻、绝缘性能好的特点，包括绝缘操作杆、绝缘支、拉、吊杆、绝缘硬梯等；软质绝缘工具一般采用蚕丝、合成纤维等绝缘材料制成，具有质量轻、运输方便、绝缘性能好的特点，包括绝缘绳、绝缘软梯等。

2.1 绝 缘 操 作 杆

2.1.1 绝缘操作杆的基本性能

绝缘操作杆是指由带或不带端头附件的绝缘管或绝缘棒制成，使用手工操作，在最小安全距离外对带电部分进行作业的工具。绝缘操作杆一般由一根或数根绝缘杆组成，使用时数根绝缘杆可接续使用，可用于配电线路柱上断路器、高压熔断器、高压隔离开关等拉合操作。绝缘操作杆如图 2-1 所示。

绝缘操作杆一般采用满足《带电作业用空心绝缘管、泡沫填充绝缘管和实心绝缘棒》（GB 13398—2008）的玻璃纤维增强环氧复合空心管或泡沫填充管制成，其密度不应小于 1.75g/cm³，吸水率不大于 0.15%，50Hz 工频电压下介质损耗角正切值不得大于 0.01。

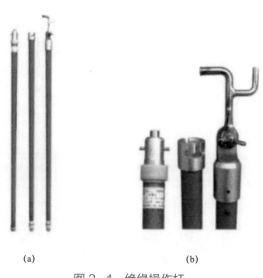

图 2－1　绝缘操作杆
（a）杆身；（b）端头附件

1. 外观及尺寸

绝缘操作杆表面应光滑洁净，无气泡、皱纹、开裂，杆段间连接牢固。额定电压为 10～35kV 的配网不停电作业绝缘操作杆尺寸要求见表 2－1。

表 2－1　　　　　　　　　　绝缘操作杆尺寸要求　　　　　　　　　　（m）

额定电压（kV）	最小有效绝缘	端部金属接头（不大于）	手持部分（不小于）
10	0.70	0.10	0.60
20	0.80	0.10	0.60
35	0.90	0.10	0.60

2. 电气性能

绝缘操作杆应能通过工频耐压试验，试验要求应满足表 2－2 的规定；对防潮型硬质绝缘工具，在型式试验中还应进行淋雨状态下的交流泄漏电流试验。试验结论判断依据如下：

（1）在规定的工频耐受试验电压和耐受时间下，以绝缘操作杆无闪络、无击穿、无过热为合格；

（2）淋雨状态下的泄漏电流试验条件应满足《高电压试验技术　第 1 部分：一般定义及试验要求》（GB/T 16927.1—2011）的规定。在规定的试验电压和时间下，通过整件工具的泄漏电流不大于 0.5mA 为合格。

其中，绝缘操作杆的预防性试验为工频耐压试验。

表 2-2 　绝缘杆的电气性能

额定电压（kV）	试验长度（m）	工频耐压试验				泄漏电流试验		
		型式试验		预防性试验（出厂试验）		型式试验		
		试验电压（kV）	耐压时间（min）	试验电压（kV）	耐压时间（min）	试验电压（kV）	加压时间（min）	泄漏电流（mA）
10	0.4	100	1	45	1	8	15	<0.5
20	0.5	120	1	80	1	15	15	<0.5
35	0.6	150	1	95	1	26	15	<0.5

3. 机械性能

绝缘操作杆按实际使用工况进行机械强度试验，开展抗弯静负荷、抗弯动负荷和抗扭静负荷试验，机械试验要求如下：

（1）在型式试验中，静负荷试验应在 2.5 倍额定工作负荷下持续 5min，要求绝缘操作杆无永久形变、无损伤；动负荷试验应在 1.5 倍额定工作负荷下操作 3 次，要求机构动作灵活、无卡住现象。

（2）在预防性试验中，静负荷试验应在 1.2 倍额定工作负荷下持续 1min，要求绝缘操作杆无永久形变、无损伤；动负荷试验应在 1.0 倍额定工作负荷下操作 3 次，要求机构动作灵活、无卡住现象。

绝缘操作杆的机械性能见表 2-3。

表 2-3		绝缘操作杆的机械性能	（N·m）
试品标称外径（mm）	抗弯静负荷	抗弯动负荷	抗扭静负荷
≤28	108	90	36
>28	132	110	36

2.1.2　绝缘操作杆的预防性试验方法

绝缘操作杆

2.1.2.1　目视检查

试验人员应对绝缘操作杆试品的表面进行目视检查，确认绝缘操作杆表面应光滑、洁净，无气泡、皱纹、开裂，杆段间连接牢固，并用量尺测量绝缘操作杆的最小绝缘长度、金属部件长度以及手持部分长度，若绝缘操作杆表面存在贯穿性缺陷或尺寸不满足表 2-1 的规定，样品做报废处理。绝缘操作杆目视检查如图 2-2 所示。

图 2-2　绝缘操作杆目视检查

2.1.2.2　电气试验

试验人员对绝缘操作杆进行电气试验（交流耐压试验），检测其沿轴向的绝缘性能。用直径不小于 30mm 的单导线作模拟导线，模拟导线两端应设置均压球（或均压环），其直径不小于 200mm（$D=200\sim300$mm），均压球距试品不小于 1.5m。多个试品同时进行试验时，试品间距 d 应不小于 500mm。绝缘操作杆交流耐压试验接线如图 2-3 所示。

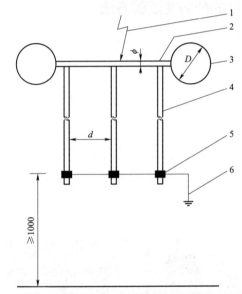

图 2-3　绝缘操作杆交流耐压试验接线示意图
1—高压引线；2—模拟导线；3—均压球；4—绝缘杆类试品；
5—下部试验电极；6—接地引线

试验人员将绝缘操作杆试品布置在试验架上，确保高压极和接地极紧贴绝缘操作杆表面，同时高压电极与接地电极之间的有效绝缘长度（即试验长度）满足表 2-2 的要求。绝缘操作杆的交流耐压试验布置如图 2-4 所示。

试品布置好后，试验人员通过工频试验变压器对试品施加工频电压，电压有效值见表 2-2，持续 1min。对绝缘操作杆施加交流电压如图 2-5 所示。

交流耐压试验完毕后，试验人员检查绝缘操作杆，若试验中绝缘操作杆无击穿、无闪络、无过热，且无明显损伤则为合格。

图2-4　绝缘操作杆交流耐压试验布置

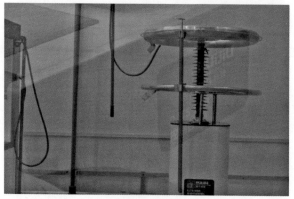

图2-5　对绝缘操作杆施加交流电压

2.1.2.3　机械试验

1. 绝缘操作杆的抗弯试验

绝缘操作杆的弯曲试验包括弯曲静负荷和弯曲动负荷试验，两项试验的布置方式基本一致，均采用三点式加载法进行。绝缘操作杆抗弯试验布置如图 2-6 所示，试验时将操作杆水平放置在弯曲试验机两端支架的滑轮上，在其中点处加集中荷载直至规定值，使绝缘操作杆弯曲，弯曲力 F 与弯曲力矩的关系为 $M = F \cdot L$。负荷试验应在表 2-3 所列数值下持续 1min，要求绝缘操作杆无变形、无损伤；动负荷试验应在表 2-3 所列数值下操作 3 次，要求机构动作灵活、无卡住现象。

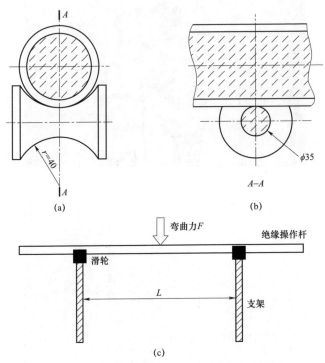

图 2-6 绝缘操作杆抗弯试验布置示意图

（a）滑轮正视图；（b）滑轮剖面图；（c）试验布置

抗弯试验尺寸要求见表 2-4。

表 2-4   抗 弯 试 验 尺 寸 要 求   （mm）

管直径	棒直径	两支架间的距离 L
—	10～16	500
18～22	—	700
—	24	1000
24～30	—	1100
32～36	30	1500
40～70	—	2000

2. 绝缘操作杆的抗扭试验

在绝缘操作杆的中间部位选取一段长度 1m 的区间作为扭力试验对象，将扭力试验机的两端夹具固定在试验区处，并对其施加扭矩。所施扭矩以（5±2）N·m/s 的速度逐渐增加至表 2-3 所示扭矩值。此时若听不到异常的响声，也看不到明显的缺陷，则试品为合格。操作杆抗扭试验布置如图 2-7 所示。

图 2-7　绝缘操作杆抗扭试验布置示意图

2.2　绝 缘 支 拉 吊 杆

2.2.1　绝缘支拉吊杆的基本性能

绝缘支拉吊杆是指使用玻璃纤维增强的环氧复合材料制成，用于对构件进行移动、固定、传递拉力的绝缘承力杆。绝缘吊杆如图 2-8 所示。

图 2-8　绝缘吊杆

作为承力工具，绝缘支拉吊杆一般使用实心绝缘棒制成，其电气性能与绝缘操作杆一致，实心绝缘棒则需满足《带电作业用空心绝缘管、泡沫填充绝缘管和实心绝缘棒》（GB 13398—2008）的要求。

1. 外观及尺寸

绝缘支拉吊杆表面应光滑、洁净，无气泡、皱纹、开裂，杆段间连接牢固。额定电压为 10～35kV 的配网不停电作业绝缘支拉吊杆尺寸要求见表 2-5。

表 2-5 绝缘支拉吊杆尺寸要求 （m）

额定电压（kV）	最小有效绝缘长度	固定部分长度		支杆活动部分长度
		支杆	拉（吊）杆	
10	0.40	0.60	0.20	0.50
20	0.50	0.60	0.20	0.60
35	0.60	0.60	0.20	0.60

2. 电气性能

绝缘支拉吊杆的电气性能与绝缘操作杆相同，应能通过工频耐压试验，试验要求应满足表 2-2 的规定；对防潮型硬质绝缘工具，在型式试验中还应进行淋雨状态下的交流泄漏电流试验。试验结论判断依据如下：

（1）在规定的工频耐受试验电压和耐受时间下，以绝缘支拉吊杆无闪络、无击穿、无过热为合格。

（2）淋雨状态下的泄漏电流试验条件应满足《高电压试验技术 第 1 部分：一般定义及试验要求》（GB/T 16927.1—2011）的规定。在规定的试验电压和时间下，通过整件工具的泄漏电流不大于 0.5mA 为合格。

其中，绝缘支拉吊杆的预防性试验为工频耐压试验。

3. 机械性能

绝缘支拉吊杆按实际使用工况进行机械强度试验。

（1）绝缘支杆开展压缩试验，检测其承受轴向压力时的机械性能。绝缘支杆的机械性能见表 2-6。

表 2-6 绝缘支杆的机械性能 （kN）

支杆分类级别	额定负荷	静负荷	动负荷
1kN 级	1.00	1.20	1.00

续表

支杆分类级别	额定负荷	静负荷	动负荷
3kN 级	3.00	3.60	3.00
5kN 级	5.00	6.00	5.00

（2）绝缘拉（吊）杆开展拉伸试验，检测其承受轴向拉力时的机械性能。绝缘拉（吊）杆的机械性能见表 2-7。

表 2-7　　　　　　　　绝缘拉（吊）杆的机械性能　　　　　　　（kN）

拉（吊）杆分类级别	额定荷载	静负荷	动负荷
10kN 级	10.0	12.0	10.0
30kN 级	30.0	36.0	30.0
50kN 级	50.0	60.0	50.0
80kN 级	80.0	96.0	80.0
100kN 级	100.0	120.0	100.0
120kN 级	120.0	144.0	120.0
150kN 级	150.0	180.0	150.0
300kN 级	300.0	360.0	300.0

2.2.2　绝缘支拉吊杆的预防性试验方法

绝缘支拉杆　　绝缘拉吊杆

2.2.2.1　目视检查

试验人员应对绝缘支拉吊杆试品的表面进行目视检查，确认绝缘支拉吊杆表面应光滑、洁净，无气泡、皱纹、开裂，杆段间连接牢固，并用量尺测量绝缘支拉吊杆的最小绝缘长度，若绝缘支拉吊杆表面存在贯穿性缺陷或尺寸不满足表 2-1 的规定，样品做报废处理。

2.2.2.2 电气试验

绝缘支拉吊杆的电气性能试验方法与绝缘操作杆相同。试验人员对绝缘支拉吊杆进行交流耐压试验，检测其沿轴向的绝缘性能。交流耐压试验完毕后，试验人员检查绝缘支拉吊杆，若试验中绝缘支拉吊杆无击穿、无闪络、无过热，且试品无明显损伤则为合格。

2.2.2.3 机械试验

1. 绝缘支杆的压缩试验

绝缘支杆的压缩试验按照典型使用场景进行布置，如图 2-9 所示。被试样品作为支杆通过抱箍固定在竖直圆柱处并离地至少 1m，使用另外一根绝缘支杆与被试样品通过铰接形成三角形承力结构并固定在竖直圆柱，被试样品两

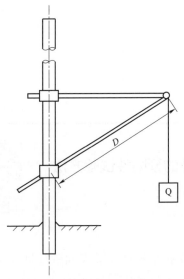

图 2-9　绝缘支杆的压缩试验布置

注：D 为绝缘支杆两支点的距离。

支点的间距 D 应不小于最小有效绝缘长度。待试品固定牢固后，在铰接处通过悬挂配重施加满足表 2-6 要求的荷载。静负荷试验应在表 2-6 所列数值下持续 1min，要求绝缘支杆无变形、无损伤；动负荷试验应在表 2-6 所列数值下操作 3 次，要求机构动作灵活、无卡住现象。

2. 绝缘拉（吊）杆的拉伸试验

绝缘拉（吊）杆的拉伸试验按照典型使用场景进行布置，如图 2-10 所示。被试样品两端通过卡具固定在拉力机上，试验过程中两端卡具不应出现脱落或滑动。按 0.5～1.0mm/min 的加载速率对试样进行连续加载，直至拉伸荷载满足表 2-7 的要求。静负荷试验应在表 2-7 所列数值下持续 1min，要求绝缘拉（吊）杆无变形、无损伤；动负荷试验应在表 2-7 所列数值下操作 3 次，要求机构动作灵活、无卡住现象。

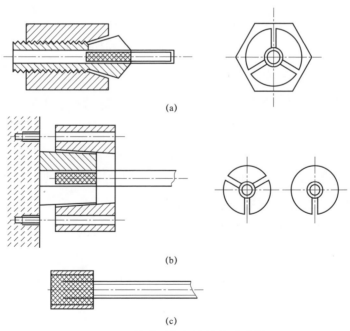

图 2-10　拉（吊）杆的拉伸试验布置

（a）用弹性套爪紧固绝缘管；（b）用锥形夹头紧固绝缘管；

（c）端部浇注树脂

2.3 绝 缘 硬 梯

2.3.1 绝缘硬梯的基本性能

不停电作业用绝缘硬梯是由绝缘材料制成的，用于不停电作业时登高作业的工具，如图 2-11 所示。

图 2-11 不停电作业绝缘硬梯

根据其受力特点和作业时的使用方式，绝缘硬梯可分为竖梯、平梯、挂梯等类型，按其结构可分为人字梯、蜈蚣梯、升降梯等类型，如图 2-12 所示。

不停电作业用绝缘硬梯的一般技术要求如下：

（1）绝缘硬梯的横档应具有防滑表面，且应和梯梁垂直；

（2）横档应确保作业人员戴上手套后能够牢靠抓握，同时确保作业人员穿鞋或者靴进行登梯时，感觉舒适；

（3）所有的金属部分应有防腐性。

1. 外观要求

（1）绝缘硬梯的名称、电压等级、商标、型号、制造日期、制造厂名及不停电作业用（双三角）符号等标识清晰完整。

（2）绝缘硬梯的各部件完整、光滑、洁净，无气泡、皱纹、开裂或损伤，玻璃纤维布与树脂间粘结完好，无开胶，杆段间连接牢固无松动，整梯无松散。

（3）金属连接件无目测可见的变形，防护层完整，活动部件灵活。

（4）升降梯升降灵活，锁紧装置可靠。

（5）最小有效绝缘长度满足表 2-1 的要求。

2. 电气性能

绝缘硬梯电气性能要求及试验接线与绝缘杆类工具相同，见表 2-8。

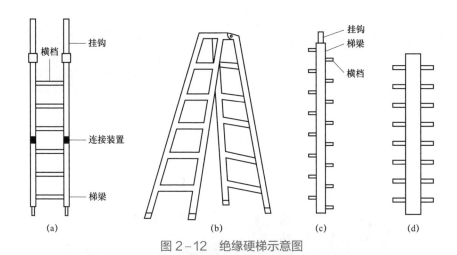

图 2-12 绝缘硬梯示意图

（a）挂梯；（b）人字梯；（c）挂梯；（d）蜈蚣梯

表 2-8 绝缘硬梯的电气性能

额定电压（kV）	试验电极间距离（m）	1min 耐压值（kV）
10	0.40	45
20	0.50	80
35	0.60	95

3. 机械性能

绝缘硬梯作为载人工具，其机械性能试验项目主要包括水平强度试验、横档强度试验、连接装置强度试验、抗压试验（折梯、人字梯）。

进行机械强度试验时，试验值及试验时间见表 2-9。在表 2-9 所列数值下持续试验 1min，要求绝缘硬梯无形变、无损伤，且机构动作灵活、无卡住现象为合格。

表 2-9 绝缘硬梯的机械性能

试验项目	试验值（N）	试验时间（min）
水平强度试验	1000	1
横档强度试验	800	1
连接装置强度试验	1000	1
抗压试验（折梯、人字梯）	1600	1

2.3.2 绝缘硬梯的预防性试验方法

绝缘梯-绝缘硬梯　　　　绝缘梯

2.3.2.1 目视检查

试验人员应通过目视检查被试样品，试品应光滑、洁净，无气泡、皱纹、开裂，杆段间连接牢固，使用量尺测量最短有效绝缘长度应符合表 2－1 的规定。绝缘硬梯目视检查如图 2－13 所示。

图 2－13　绝缘硬梯目视检查

2.3.2.2 电气试验

绝缘硬梯电气性能试验接线与绝缘杆类工具类似。首先在绝缘硬梯表面布置高压极与接地极，将两端电极紧密贴附在绝缘硬梯的竖直踢脚处。绝缘硬梯电极布置如图 2－14 所示，高压极和接地极之间的距离应满足表 2－8 的要求。若绝缘硬梯有多个踢脚，则应对每一根踢脚分别布置高压极与接地极。

待所有踢脚处的电极布置完毕后，将绝缘硬梯上部的电极接入高压电源，将绝缘硬梯的下部电极接入接地端，确保同一电位电极之间电气连接良好。试验人员通过工频试验变压器对试品施加工频电压，电压有效值见表 2－8，持续

1min。交流耐压试验完毕后，试验人员检查绝缘硬梯，若试验中试品无击穿、无闪络、无过热，且无明显损伤则为合格。绝缘硬梯交流耐压试验布置如图 2-15 所示。

图 2-14　绝缘硬梯电极布置

图 2-15　绝缘硬梯交流耐压试验布置

2.3.2.3　机械试验

绝缘硬梯的机械强度试验均根据实际使用状态的受力情况进行布置。

1. 水平强度试验

水平强度试验是考核绝缘硬梯整体受到垂直方向荷载时的机械强度。水平强度试验布置如图 2-16 所示，将绝缘硬梯水平悬空放置于间隔长度 4m 的支架上，对绝缘硬梯中心区域施加 1000N 垂直向下的荷载。垂直荷载可用固定配重通过绳索环绕绝缘硬梯中部施加 1min；若绝缘硬梯无形变、无损伤，且机构动作灵活、无卡住现象为合格。

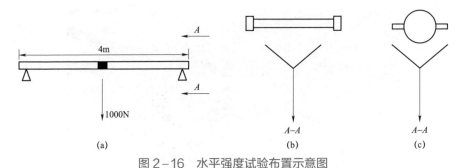

图 2-16　水平强度试验布置示意图

（a）水平强度试验布置；（b）平梯侧视图；（c）蜈蚣梯侧视图

2. 横档强度试验

横档强度试验是校核作业人员攀登绝缘硬梯时硬梯横档的机械强度。试验时可根据拉力机的形式选择将硬梯水平布置或垂直布置，绝缘硬梯的踢脚固定牢固，对每一级横档施加 800N 的拉力，持续 1min；若绝缘硬梯无形变、无损伤，且机构动作灵活、无卡住现象为合格。横档强度试验布置如图 2-17 所示。

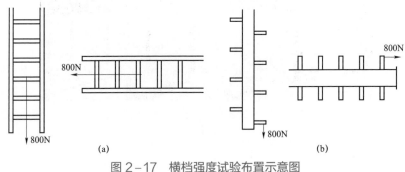

图 2-17　横档强度试验布置示意图

（a）平梯或人字梯；（b）蜈蚣梯

3. 连接装置强度试验

若绝缘硬梯可通过连接装置组合使用时，则应将其组装起来后校核连接装置的机械性能。试验时可根据拉力机的形式选择将硬梯水平布置或垂直布置，连接装置一端的绝缘硬梯的踢脚固定牢固，另一端的踢脚施加 1000N 的轴向拉力，持续 1min；若绝缘硬梯无形变、无损伤，且机构动作灵活、无卡住现象为合格。连接装置强度试验布置如图 2-18 所示。

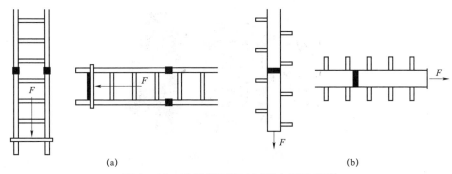

图 2-18　连接装置强度试验布置示意图

（a）平梯或人字梯；（b）蜈蚣梯

4. 抗压试验

对于直立于地面使用的人字梯和折叠梯，需要校核其顶部承受垂直方向荷载的能力。试验中将绝缘硬梯按照正常使用方式垂直立于平整地面，在其顶部置放或悬挂配置以施加垂直向下的 1600N 荷载，持续 1min；若绝缘硬梯无形变、无损伤，且机构动作灵活、无卡住现象为合格。抗压试验布置如图 2-19 所示。

图 2-19　抗压试验布置示意图

2.4　绝　缘　滑　车

2.4.1　绝缘滑车的基本性能

绝缘滑车是在不停电作业中用于绳索导向或承担荷载的全绝缘或部分绝

缘的工具，如图 2-20 所示。

图 2-20　绝缘滑车

绝缘滑车一般采用高强度玻璃纤维树脂材料制作，通常可分为以下两类。

（1）普通型：一般由挂钩、吊梁、加强筋、挡板、上轴、滑轮、轴承、中轴、尾绳环、下轴等部件组成。其中除加强筋、挡板、滑轮用绝缘材料制作外，其余部分均用金属制作。普通绝缘滑车有单轮、多轮结构，单轮在传递绳及牵引转向中使用，多轮一般用于滑车组。所有绝缘滑车的使用荷载分别为 5、10、15、20、30、50kN 六个等级。用普通型绝缘滑车制作的滑轮组只能在设备净空尺寸比较宽裕的条件下作为主绝缘使用。

（2）全绝缘型：它将普通型绝缘滑车的挂钩及尾绳换改用绝缘材料制作，使滑车的整体有效绝缘增强。

1. 外观及尺寸

进行绝缘滑车的外观及尺寸检查时，滑车的绝缘部分应光滑，无气泡、皱纹、开裂等现象；滑轮在中轴上应转动灵活，无卡阻和碰擦轮缘现象；吊钩、吊环在吊梁上应转动灵活；各开口销不得向外弯，并切除多余部分；侧面螺栓高出螺母部分不大于 2mm；侧板开口在 90° 范围内无卡阻现象。

2. 电气性能

绝缘滑车进行电气性能预防性试验时，绝缘钩型滑车应能通过交流 37kV、1min 耐压试验，其他型号绝缘滑车均应能通过交流 25kV、1min 耐压试验，试验以无击穿、无过热为合格。

3. 机械性能试验

绝缘滑车机械性能预防性试验项目为拉力试验，试验时需将滑车与绝缘绳组装后进行试验。各类绝缘滑车进行持续时间 1min 的机械拉力试验，试验以绝缘滑车无永久变形或裂纹为合格。绝缘滑车的机械性能应满足表 2-10 的要求。

表 2-10　　　　　　　　绝 缘 滑 车 机 械 性 能　　　　　　　（kN）

滑车级别	承受负荷
5kN 级	6.0
10kN 级	12.0
15kN 级	18.0
20kN 级	24.0
30kN 级	36.0
50kN 级	60.0

2.4.2　绝缘滑车的预防性试验方法

绝缘滑车预防性试验包括目视检查、电气试验、机械试验三类，试验周期一般为 12 个月。

绝缘滑车-交流耐压试验　绝缘滑车-静拉力试验

1. 目视检查

试品的绝缘部分应光滑，无气泡、皱纹、开裂等现象；滑轮在中轴上应转动灵活，无卡阻和碰擦轮缘现象；吊钩、吊环在吊梁上应转动灵活；侧板开口在 90º 范围内无卡阻现象。绝缘滑车目视检查如图 2-21 所示。

2. 电气试验

绝缘滑车的电气特性预防性试验项目为工频耐压试验，试验时应保证试品清净干燥。绝缘滑车电气试验布置如图 2-22 所示。

将绝缘滑车按图 2-23 所示的方式悬挂在接地的金属横梁中部，横梁长度不小于 2m。

图 2-21　绝缘滑车目视检查

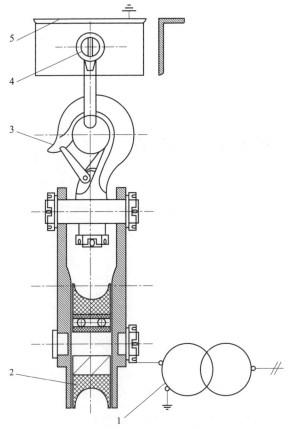

图 2-22　绝缘滑车电气试验布置示意图

1—交流试验装置；2—滑轮；3—吊钩；4—U 形环；5—金属横担

图 2-23 悬挂绝缘滑车

挂环固定在横梁中部后，将高压引线从滑车的中轴处引入。绝缘滑车及高压引线与周围物体间的距离不小于试品干闪距离的 1.5 倍，且应不小于 1m；试验设备及加压方法应符合《高电压试验技术 第 1 部分：一般定义及试验要求》（GB/T 16927.1—2011）的规定；对绝缘钩型滑车施加 37kV 工频交流电压，其他型号绝缘滑车施加 25kV 工频电压交流，耐受 1min，试验以绝缘滑车无击穿、无过热为合格。绝缘滑车接入高压引线如图 2-24 所示。

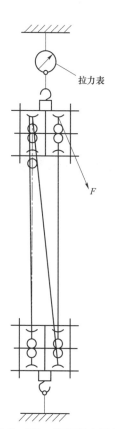

拉力表

F

图 2-24 绝缘滑车接入高压引线

3. 机械试验

将绝缘滑车试品与绝缘绳组装后做拉力试验，连接及加载方式如图 2-25 绝缘滑车机械试验

图 2-25 绝缘滑车机械试验布置示意图

布置示意图所示，试品均按表 2-10 所列数值施加负荷做拉力试验。

各类绝缘滑车进行持续时间 1min 的机械拉力试验，试验以绝缘滑车无永久变形或裂纹为合格。绝缘滑车机械拉力试验如图 2-26 所示。

图 2-26　绝缘滑车机械拉力试验

2.5　绝缘绳索类工具

2.5.1　绝缘绳索的基本性能

不停电作业用绝缘绳索（绳索类工具）是由绝缘材料制成的绳索，如图 2-27 所示。

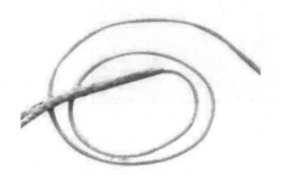

图 2-27　绝缘绳索

1. 材料要求

绝缘绳索的材料一般要求如下。

（1）天然纤维绝缘绳索（蚕丝绳）应采用脱胶不少于 25%、洁白、无杂质、长纤维的蚕丝为原材料。

（2）合成纤维绝缘绳索应采用聚己内酰胺（锦纶 6）或其他满足电气、机械性能及防老化要求的合成纤维为原材料。

（3）高强度绝缘绳索应采用高机械强度的合成纤维为原材料。

在工程应用中，绝缘绳索存在不同分类标准：根据材料，绝缘绳索分为天然纤维绝缘绳索和合成纤维绝缘绳索；根据在潮湿状态下的电气性能，绝缘绳索分为常规型绝缘绳索和防潮型绝缘绳索；根据机械强度，绝缘绳索分为常规强度绝缘绳索和高强度绝缘绳索；根据编织工艺，绝缘绳索分为编织绝缘绳索、绞制绝缘绳索和套织绝缘绳索。

为确保绝缘绳索使用中的安全性和可靠性，其在制作过程中有着严格的工艺要求：绝缘绳索应在具有良好的通风防尘设备的室内生产，不得沾染油污及其他污染，不得受潮；每股绝缘绳索及每股线均应紧密绞合，不得有松散、分股的现象；绳索各股中丝线均不应有叠痕、凸起、压伤、背股、抽筋等缺陷；接头应单根丝线连接，不允许有股接头；单丝接头应封闭在绳股内部，不得露在外面；股绳和股线的捻距及纬线在其全长上应该均匀；彩色绝缘绳索应色彩均匀一致；经防潮处理后的绝缘绳索表面应无油渍、污迹、脱皮等。

2. 外观及尺寸

不停电作业用绝缘绳（绳索类工具）的外观检查要求是：

（1）绝缘绳索（绳索类工具）的标志应清晰，每股绝缘绳索及每股线均应紧密绞合，不得有松散、分股的现象。

（2）绳索各股及各股中丝线均不应有叠痕、凸起、压伤、背股、抽筋等缺陷，不得有错乱、交叉的丝、线、股。

（3）接头应单根丝线连接，不允许有股接头；单丝接头应封闭于绳股内部，不得露在外面。

（4）股绳和股线的捻距及纬线在其全长上应均匀。

（5）经防潮处理后的绝缘绳索表面应无油渍、污迹、脱皮等。

绝缘绳索（绳索类工具）最小有效绝缘长度应符合表 2-11 中的规定。

表 2-11　　　　　　　绝缘绳索的最小有效绝缘长度　　　　　　　（m）

额定电压（kV）	最小有效绝缘长度
10	0.40
20	0.50
35	0.60

3. 电气性能

配网不停电作业用绝缘绳索（绳索类工具）电气性能要求见表 2-12。

表 2-12　　　　　　　　　　绝缘绳索的电气性能

额定电压（kV）	试验电极间距离（m）	1min 交流耐压（kV）
10	0.40	45
20	0.50	80
35	0.60	95

4. 机械性能

绝缘绳索机械性能预防性试验项目为拉力试验，配网不停电作业用人身、导线绝缘保险绳的抗拉性能应在表 2-13 所列数值下持续 5min 无损伤、无断裂。

表 2-13　　　配网不停电作业用人身、导线绝缘保险绳的抗拉性能

名称	静拉力（kN）
人身绝缘保险绳	4.4
240mm² 及以下单导线绝缘保险绳	20
400mm² 及以下单导线绝缘保险绳	30

2.5.2 绝缘绳索的预防性试验方法

绝缘绳-交流耐压试验　　绝缘绳-静拉力试验

不停电作业用绝缘绳索（绳索类工具）预防性试验包括目视检查、电气试验和机械试验三类，试验周期为 12 个月。

1. 目视检查

试验人员仔细检查绝缘绳索，所有绳索类工具的捻合成的绳索各绳股应紧密绞合，不得有松散、分股的现象。绳索各股及各股中丝线不应有叠痕、凸起、压伤、背股、抽筋等缺陷，不得有错乱、交叉的丝、线、股。编织绝缘绳的内芯与外编织材料相同。人身绝缘保险绳、导线绝缘保险绳、消弧绳、绝缘测距绳以及绳套均应满足各自的功能规定和工艺要求。最小有效绝缘长度应符合表 2-11 的规定。绝缘绳索目视检查如图 2-28 所示。

图 2-28　绝缘绳索目视检查

2. 电气试验

常规型绝缘绳索工频耐压试验前，应将试品放在 50℃ 干燥箱里进行 1h 的烘干，然后自然冷却 5min；防潮型绝缘绳索可在自然环境中取样，在规定的试验环境中进行试验。工频耐压试验时，可采用直径 1.0mm 铜线缠绕作为试验电极。测量区应离开任何高压电源至少 2m。绝缘绳索类工具的工频耐压试验接线如图 2-29 所示。

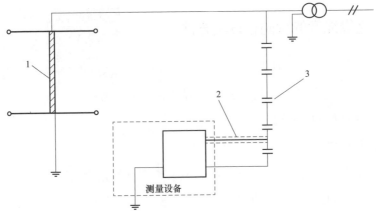

图 2-29　绝缘绳索类工具工频耐压试验接线示意图

1—试品；2—屏蔽引线；3—电容（或电阻）分压器

　　若使用绝缘绳索电气试验支架开展试验时，将绝缘绳索均匀缠绕在试验支架的电极上（见图 2-30），通过电极的夹具确保绳索与电极之间紧密接触（见图 2-31）。

图 2-30　绝缘绳索缠绕在支架上

图 2-31　通过电极夹具紧压住绝缘绳索

待绝缘绳索整体缠绕完毕后，将高压引线和接地线连接至试验支架的电极，按照表 2-12 中的数值施加工频电压，持续 1min；试验中绝缘绳索无击穿、无闪络、无过热为合格。连接电极与引线如图 2-32 所示。

图 2-32 连接电极与高压引线

3. 机械试验

绝缘绳索的机械拉力试验为在拉力试验机上进行的静拉力试验。绝缘绳拉断强度试验时的试品长度，合成纤维绳应大于 600mm，天然纤维绳应大于 1800mm。拉力强度试验机的动夹钳，在开始试验阶段时的移动速度为 300mm/min，当拉力值达到试验值的 50%时，则改为 250mm/min，一直达到表 2-13 中所列数值后，维持该拉力 5min。在试验中，应防止夹钳打滑或夹伤试品。如果绝缘绳索不发生永久变形、无损伤和破坏，则为合格。安装固定绝缘绳索如图 2-33 所示，对绝缘绳索施加静拉力如图 2-34 所示。

图 2-33 安装固定绝缘绳索

图 2-34　对绝缘绳索施加静拉力

2.6　绝缘手工工具

2.6.1　绝缘手工工具的基本性能

绝缘手工工具主要包括全绝缘手工工具和包覆绝缘手工工具，适用于交流 1kV、直流 1.5kV 及以下电压等级的不停电作业，包括螺钉旋具、扳手、手钳、剥皮钳、电缆剪、电缆切割工具、刀具、镊子等握在手中操作的工具，如图 2-35 所示。

根据其使用功能，绝缘手工工具必须具有足够的机械强度，用于制造包覆绝缘手工工具和绝缘手工工具的绝缘材料应有足够的电气绝缘强度和良好的阻燃性能。

1. 外观及尺寸

绝缘手工工具外观及尺寸检查要求在环境温度为 $-20\sim70℃$ 范围内进行（能用于 $-40℃$ 低温环境的工具应标有 C 类标记）；工具的使用性能应满足工作要求，制作工具的绝缘材料应完好无孔洞、裂纹等破损，且应牢固地粘附在导电部件上；金属工具的裸露部分应无锈蚀，标志应清晰完整。按照《交流 1kV、直流 1.5kV 及以下电压等级不停电作业用绝缘手工工具》（GB/T 18269—2008）

中的技术要求检查尺寸。

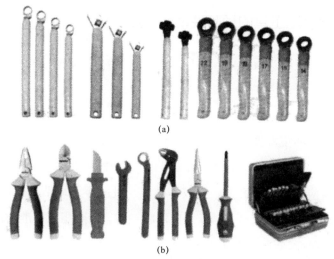

图2-35 绝缘手工工具

（a）国产绝缘梅花扳手、活络扳手、棘轮扳手和进口绝缘梅花扳手；

（b）德制绝缘手工工具和工具组合18件套

2. 电气性能

绝缘手工工具电气特性试验项目为交流耐压试验，其电气性能要求见表2-14。

表2-14 绝缘手工工具的电气性能

工具类别	试验电压（kV）	加压时间（min）
包覆工具	10	1
全绝缘工具	10	1

3. 机械性能

绝缘手工工具应具抗冲击特性，使用硬度为20～460HRC试锤，在绝缘材料或绝缘层上至少应选取分布在不同位置的3个试验点进行机械冲击试验，测试点应在实际工况中可能会出现冲击损坏的部位选取。如果机械冲击试验中绝缘材料没有破碎、脱落和贯穿绝缘层的开裂，绝缘手工工具无松动等现象发生，则试验通过。绝缘手工工具的机械性能试验主要用于型式试验。

绝缘手工工具

2.6.2 绝缘手工工具的预防性试验方法

绝缘手工工具的预防性试验项目包括目视检查和电气试验，试验周期为 12 个月。

1. 目视检查

试验人员在环境温度为 $-20\sim +70℃$ 范围内进行（能用于 $-40℃$ 低温环境的工具应标有 C 类标记）；检查手工工具的使用性能应满足工作要求，制作工具的绝缘材料应完好，无孔洞、裂纹等破损，且应牢固地粘附在导电部件上；金属工具的裸露部分应无锈蚀，标志应清晰完整。按照相应标准中的技术要求检查尺寸。绝缘手工工具目视检查如图 2-36 所示。

图 2-36 绝缘手工工具目视检查

2. 电气试验

绝缘手工工具试验之前，试品应置于室温（23 ± 5）℃下的自来水槽中浸泡（24 ± 0.5）h，然后取出拭干表面水分进行电气试验。对于可组装的工具，应置于相对湿度 91%～95%、温度（23 ± 5）℃的容器中存放 48h，以取代浸水处理，工具在此之前不应组装。

对于包覆绝缘手工工具，需将试品上包覆有绝缘的部分浸在水槽内的自来水中，水面上的绝缘部分高度为（24 ± 2）mm，导电部分应露在水面以上。被试的手钳类工具按如下方法布置：其绝缘的两个手把内侧间距 d 应为 $2\sim 3$mm，或采用该工具的最小可能间距，但不应小于 2mm。包覆绝缘手工工具电气试验布置如图2-37所示。

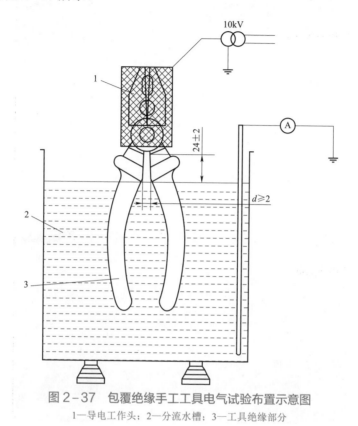

图2-37 包覆绝缘手工工具电气试验布置示意图

1—导电工作头；2—分流水槽；3—工具绝缘部分

对于可组装的工具和那些设计不允许采用浸水试验的工具，试验时槽中不装自来水，而装直径为 3mm（采用普通的工业公差标准测量）的镍质不锈钢珠。

若缺乏水槽等试验设施时，也可采用导电带覆盖绝缘手工工具的绝缘包覆面开展电气试验，绝缘手工工具表面贴附导电带如图2-38所示。导电带应完整包覆绝缘手工工具的绝缘层，导电带之间应电气连接良好，同时保持导电带距工具金属部分（24±2）mm（见图 2-39）。绝缘手工工具的金属端连接高压引线，末端表面的导电带连接接地线（见图2-40）。按照表2-14中的数值施加工频电压，持续1min，试验中绝缘手工工具无击穿、无闪络、无过热为合格。

图2-38 绝缘手工工具表面贴附导电带

图2-39 控制导电带与金属部分间距

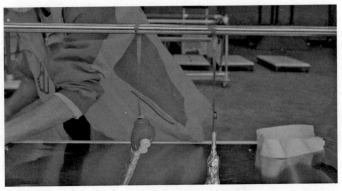

图2-40 连接高压引线并接地

全绝缘手工工具进行电气试验时，应在工具的手柄表面上包覆 5mm 宽的导电带，间距为（24±2）mm，每相邻两电极间施加 10kV 的工频电压，加压时间为 1min；试验时全绝缘手工工具如果没有发生击穿、放电或闪络，则试验通过。全绝缘手工工具电气试验布置如图 2－41 所示。

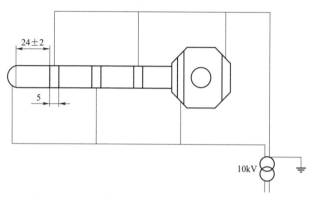

图 2－41　全绝缘手工工具电气试验布置示意图

2.7　绝缘横担和绝缘平台

2.7.1　绝缘横担和绝缘平台的基本性能

绝缘横担和绝缘平台均为采用绝缘材料制成的承力工具。其中，绝缘横担主要为导线提供临时绝缘支撑，而绝缘平台是为作业人员提供绝缘支撑。因此，此类工具均需具备较强的电气性能和机械性能。绝缘横担和绝缘平台分别如图 2－42 和图 2－43 所示。

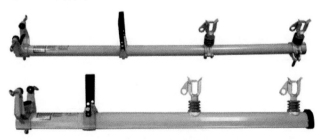

图 2－42　绝缘横担

图 2-43　绝缘平台

1. 外观及尺寸

试品应光滑、无气泡、皱纹、开裂，玻璃纤维布与树脂间粘接完好，不得开胶，杆段间连接牢固。最小有效绝缘长度应符合表 2-15 的规定。

表 2-15　　　　　　　　　绝缘绳索的最小有效绝缘长度　　　　　　　　（m）

额定电压（kV）	最小有效绝缘长度
10	0.40
20	0.50
35	0.60

2. 电气性能

10、20kV 及 35kV 电压等级的试品应能通过短时交流耐压试验（以无击穿、无闪络及无过热为合格），其电气性能应符合表 2-16 的规定。

表 2-16　　　10～35kV 电压等级绝缘横担和绝缘平台的电气性能

额定电压（kV）	试验电极间距离（m）	1min 交流耐压（kV）
10	0.40	45
20	0.50	80
35	0.60	95

3. 机械性能

绝缘横担和绝缘平台应根据其实际使用状态开展静、动负荷试验。静负荷试验应在表 2-17 所列数值下持续 1min，要求绝缘横担和绝缘平台无变形、无损伤；动负荷试验应在表 2-17 所列数值下操作 3 次，要求机构结构多种灵活、无卡住现象。

表 2-17　　　　　　　　绝缘横担和绝缘平台的机械性能　　　　　　　　（kN）

绝缘横担、平台等级	额定负荷	静负荷试验	动负荷试验
0.85kN 级	0.85	1.02	0.85
1.05kN 级	1.05	1.26	1.05
1.35kN 级	1.35	1.62	1.35

2.7.2　绝缘横担和绝缘平台的预防性试验方法

绝缘横担-交流耐压试验　　绝缘横担-静负荷试验，动负荷试验　　绝缘平台-交流耐压试验　　绝缘平台-静负荷试验，动负荷试验

绝缘横担和绝缘平台的预防性试验包括目视检查、电气试验和机械试验，试验周期为 12 个月。

1. 目视检查

试验人员对样品的各部件进行检查，试品应光滑、无气泡、皱纹、开裂，玻璃纤维布与树脂间粘接完好，不得开胶，杆段间连接牢固。最小有效绝缘长度应符合表 2-15 的规定。绝缘平台目视检查如图 2-44 所示。

图 2-44　绝缘平台目视检查

2. 电气试验

绝缘横担和绝缘平台的电气试验主要是针对工具的主要绝缘支撑部件开展，其中，绝缘平台的主要承力部件是指其在典型安装方式下地电位固定端至人员站立平台之间的主要承力绝缘构件。

根据表2-16的要求，选取长度合适的绝缘构件两端布置导电带，并将不同构件的高压端导电带电气连接到同一高压引线，接地端导电带电气连接到同一接地引线，此时可对同一样品的不同构件展开电气试验。测量电极间距并布置导电带如图2-45所示，不同构件的相同电位导电带电气连接如图2-46所示，接入高压引线和接地引线如图2-47所示，开展交流耐压试验如图2-48所示。

图2-45　测量电极间距并布置导电带

图2-46　不同构件的相同电位导电带电气连接

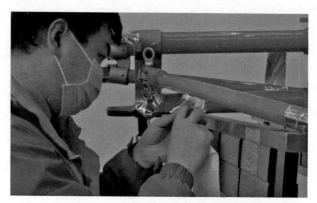

图 2-47 接入高压引线和接地引线

图 2-48 开展交流耐压试验

　　按照表 2-16 中的数值施加工频电压，持续 1min，试验中绝缘横担和绝缘平台无击穿、无闪络、无过热为合格。

　　3. 机械试验

　　根据绝缘横担和绝缘平台的典型使用场景，在弯曲试验机上采用三点式弯曲试验方法对绝缘横担施加荷载，在绝缘平台处于典型安装方式下对其承载平台施加垂直向下的荷载。绝缘横担的弯曲试验如图 2-49 所示，绝缘平台的动、静负荷试验如图 2-50 所示。

图 2-49 绝缘横担的弯曲试验

图 2-50 绝缘平台的动、静负荷试验

静负荷试验应在表 2-17 所列数值下持续 1min，要求绝缘横担和绝缘平台无变形、无损伤；动负荷试验应在表 2-17 所列数值下操作 3 次，要求机构结构多种灵活、无卡住现象。

3

绝缘防护用具的预防性试验

3.1 绝 缘 手 套

3.1.1 绝缘手套的基本性能

绝缘手套又称高压绝缘手套，是由绝缘橡胶或乳胶经压片、模压、硫化或浸模成型的五指手套，主要用于电工作业。绝缘手套是电力运行维护和检修试验中常用的安全工器具和重要的绝缘防护装备，随着电力工业的发展和带电作业技术的推广，对绝缘手套的安全性能提出了更加严格的要求。带电作业用绝缘手套作为配网不停电作业中个人安全防护的重要一环，主要用于避免作业人员在作业过程中因偶然接触不同电位物体造成的触电事故。因此，对带电作业用绝缘手套的电气性能和机械性能提出了更加严格的要求。

1. 分类

按照其使用方法，带电作业用绝缘手套分为常规性绝缘手套和复合绝缘手套。常规绝缘手套自身不具备机械保护性能，一般要配合机械防护手套（如皮质手套等）使用；复合绝缘手套是自身具备机械保护性能的绝缘手套，可以不用配合机械防护手套使用。

绝缘手套按其电气性能可分为 0、1、2、3、4 五级，适用于不同电压等级线路带电作业使用（见表 3-1）。

表 3-1   绝缘手套适用电压等级   （V）

绝缘手套级别	适用电压等级（交流）
0	380
1	3000
2	10 000
3	20 000
4	35 000

2. 外观及尺寸

绝缘手套的长度见表 3-2。

表 3-2   绝 缘 手 套 的 长 度   （mm）

级别	长度**				
0	280	360	410	460	—
1	—	360	410	460	800*
2	—	360	410	460	800*
3	—	360	410	460	800*
4	—	—	410	460	—

* 表示仅复合绝缘手套有。

** 复合绝缘手套长度偏差允许±20mm，其余类型手套长度偏差均为±15mm。

除总长度外，其他尺寸规格供测量时参考，不作为强制性的规定，典型绝缘手套的尺寸见表 3-3。分指绝缘手套、连指绝缘手套和长袖复合绝缘手套分别如图 3-1～图 3-3 所示。

表 3-3   典型绝缘手套的尺寸   （mm）

部位说明	字母	规格（手套长度）			
		280	360	410	460
手掌周长	a	210	235	255	280
手腕周长	c	220	230	240	255
袖口周长	d	360	360	360	360
手指周长	i	70	80	90	95
	j	60	70	80	85

续表

部位说明	字母	规格（手套长度）			
		280	360	410	460
手指周长	k	60	70	80	85
	l	60	70	80	85
	m	55	60	70	75
手掌宽度	b	95	100	110	125
手腕到中指尖长度	f	170	175	185	195
大拇指基线到中指尖长度	g	110	110	115	120
中指弯曲中点高度	h	6	6	6	6
手指长度	n	60	65	70	70
	o	75	80	85	85
	p	70	75	80	80
	q	55	60	65	65
	r	55	60	65	65
	t	15	17	15	17

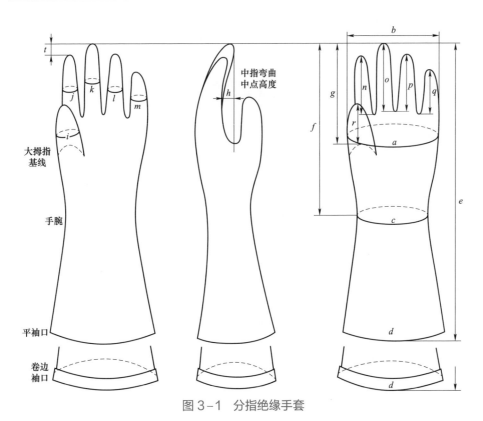

图 3-1 分指绝缘手套

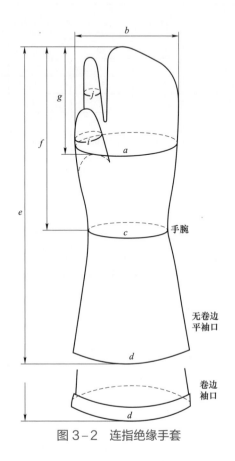

图 3-2 连指绝缘手套

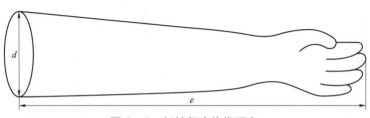

图 3-3 长袖复合绝缘手套

绝缘手套的最小厚度应以能满足电气性能要求来确定。为了保证绝缘手套的柔软性，绝缘手套的最大厚度见表 3-4。

| 表 3-4 | 绝缘手套的最大厚度 | | （mm） |

表 3-4   绝缘手套的最大厚度   （mm）

级别	厚度		
	绝缘手套	复合手套	长袖复合手套
0	1.00	2.3	—
1	1.50	a	3.1
2	2.30	—	4.2
3	2.90	—	4.2

注 a 表示还在制订中。

— 表示没有此种型号手套。

3. 电气性能

绝缘手套应能通过交流验证电压试验和耐受电压试验，验证电压下泄漏电流值应满足表 3-5 的要求。对于绝缘手套的预防性试验，按照表 3-5 中验证试验电压的要求进行交流耐压试验。

表 3-5   绝缘手套电气绝缘性能要求

级别	交流试验					
	验证试验电压（kV）	最低耐受电压（kV）	验证电压下泄漏电流（mA）			
			$e=280$mm	$e=360$mm	$e=410$mm	$e\geqslant460$mm
0	5	10	12	14	16	18
1	10	20	—	16	18	20
2	20	30	—	18	20	22
3	30	40	—	20	22	24
4	40	50	—	—	24	26

注 e 为绝缘手套的长度。

4. 机械性能

为了保证绝缘手套在使用过程中既具备较好的柔软度方便穿戴使用，又具备较好的抗拉伸、抗刺穿性能，常规绝缘手套的平均拉伸强度应不低于 16MPa，平均扯断伸长率应不低于 600%，拉伸永久变形不应超过 15%。绝缘手套还应具有防机械刺穿性能，平均抗机械刺穿强度应不小于 18N/mm。对于复合绝缘手套，除了满足以上要求外，还需满足抗刺穿机械力不小于 60N，平均磨损量不大于 0.05mg/r，耐切割指数不小于 2.35，抗撕裂强度不小于 25N。对于绝缘手套的预防性试验，无需开展机械试验，避免损坏绝缘手套。

3.1.2 绝缘手套的预防性试验方法

绝缘手套应每隔半年进行一次预防性试验，试验项目包括目视检查和电气试验（交流耐压试验）。

绝缘手套

1. 目视检查

绝缘手套应具有良好的电气性能、较高的机械性能和柔软良好的服用性能，内、外表面均应完好无损，无划痕、裂缝、折缝和孔洞。若绝缘手套表面有贯穿性损伤，则直接做报废处理。

绝缘手套的尺寸应符合相关标准要求。手套长度的测量应从手套中指开始，量至袖口边缘。测量时，手套应呈自然松弛状态，袖口边缘应与测量线垂直。厚度测量点应分散于整只手套的表面，手掌部位应不少于 4 个测量点，手背部位不少于 4 个测量点，大拇指和食指部位不少于 1 个测量点。测量使用精度不低于 0.02mm 的千分尺或其他能够达到如此精度的测量仪器。绝缘手套目视检查如图 3-4 所示。

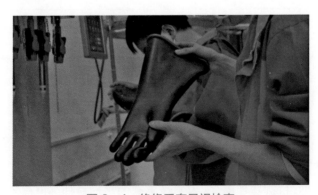

图 3-4 绝缘手套目视检查

2. 电气试验

绝缘手套的交流耐压试验在环境温度（23±5）℃、相对湿度为45%~75%的条件下进行。将绝缘手套内部注入电阻率不大于750Ω·cm的水，然后浸入盛有相同水的器皿中，并使手套内外水平面呈相同高度，如图3-5所示，其中吃水深度应满足表3-6的要求。

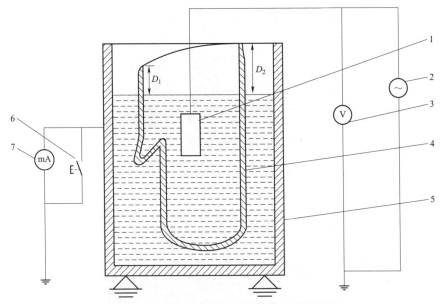

图3-5 绝缘手套交流耐压试验接线示意图

1—锁链或滑棒；2—高压电源；3—高压表；4—试品；
5—金属水箱；6—电流表短路开关；7—电流表

表3-6   吃 水 深 度   （mm）

绝缘手套级别	手套露出水面部分长度 D_1 或 D_2			
	交流验证电压试验	交流耐受电压试验	直流验证电压试验	直流耐受电压试验
0	40	40	40	50
1	40	65	50	100
2	65	75	75	130
3	90	100	100	150
4	130	165	150	180

注 吃水深度允许误差为±13mm；当试验环境相对湿度高于55%或气压低于99.3kPa时，可适当增大手套露出水面部分长度，最大可增加25mm。

手套内侧的水形成一个电极，用锁链或滑棒插入水中，并连接到电源的一端。手套外侧的水形成另一个电极，直接连到电源的另一端。水中应无气泡或气隙，水平面以上的手套暴露部分应保持干燥。对于某些类型的手套（例如加衬手套）的预防性试验，充水会对内表面造成损害，内电极可以采用直径为4mm的镀镍不锈钢球代替。试验步骤如图3-6～图3-8所示。

图3-6　将绝缘手套悬挂在试验机上

图3-7　绝缘手套内注水并置入电极

图3-8　将绝缘手套放入水中

对手套进行交流耐压试验时，交流电源应从较低值开始，以约1000V/s 的恒定速度逐渐升压，直至达到表 3-5 中验证试验电压值；所施电压应保持 1min，绝缘手套不应发生电气击穿。试验完成后，以相同的速度降压。

3.2 绝 缘 袖 套

绝缘袖套是由橡胶或其他绝缘材料制成的手臂保护用具，为保护带电作业人员接触带电导体和电气设备时免遭电击的一种安全防护用具。

3.2.1 绝缘袖套的基本性能

1. 分类

（1）绝缘袖套按其电气性能可分为 0、1、2、3、4 五级，适用于不同电压等级线路带电作业使用（见表 3-7）。

表 3-7 绝缘袖套适用电压等级 （V）

绝缘袖套级别	适用电压等级（交流）
0	380
1	3000
2	10 000
3	20 000
4	35 000

（2）依据外形不同，绝缘袖套分为直筒式和曲肘式两种样式，如图 3-9 所示。

2. 尺寸

绝缘袖套的尺寸及允许误差见表 3-8。

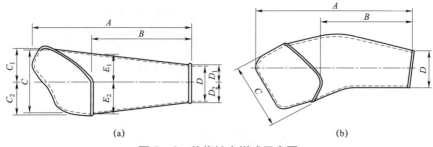

图 3-9　绝缘袖套样式示意图
（a）直筒式；（b）曲肘式

表 3-8　　　　　　　　　　　　绝缘袖套的尺寸及允许误差　　　　　　　　　　　　（mm）

样式	号型	标识	尺寸			
			A	B	C	D
直筒式	小号	S	630	370	270	140
	中号	M	670	410	290	140
	大号	LG	720	450	330	175
	加大号	XLG	760	500	340	175
	允许误差		15	15	15	5
曲肘式	小号	S	630	370	290	145
	中号	M	670	410	310	145
	大号	LG	710	420	330	175
	加大号	XLG	750	460	330	180
	允许误差		15	15	15	5

　　绝缘袖套应具有足够的弹性且平坦，表面橡胶最大厚度（不包括肩边、袖边或其他加固的肋）必须符合表 3-9 的规定。

表 3-9　　　　　　　　　　　绝缘袖套表面橡胶最大厚度　　　　　　　　　　　（mm）

绝缘袖套级别	表面橡胶最大厚度
0	1.00
1	1.50
2	2.50
3	2.90
4	3.60

3. 电气性能

绝缘袖套应能通过交流耐压试验和直流耐压试验，耐受电压见表 3－10。目前，配网不停电作业对象以交流线路为主，因此预防性试验项目为交流耐压试验。

表 3－10　　　　　　　　绝缘袖套交、直流耐压试验耐受电压　　　　　　　　（kV）

绝缘袖套级别	交流耐受电压（有效值）	直流耐受电压（平均值）
0	5	10
1	10	20
2	20	30
3	30	40
4	40	60

4. 机械性能

绝缘袖套的平均拉伸强度应不低于 14MPa，平均扯断伸长率应不小于 600%，抗机械刺穿强度应不小于 18N/mm，平均拉伸永久变形应不超过 15%。由于机械试验一般为破坏性试验，因此绝缘袖套的预防性试验对机械性能不做要求。

3.2.2　绝缘袖套的预防性试验方法

绝缘袖套应每隔半年进行一次预防性试验，试验项目包括目视检查和交流耐压试验。

1. 目视检查

应对绝缘袖套外形进行目测检验，其内、外表面应均匀完好无损，无划痕、裂缝、折缝和孔洞。若绝缘袖套表面有贯穿性损伤，则直接做报废处理。

绝缘袖套的尺寸应符合相关标准要求。

（1）直筒式袖套：检测设备是划有中心线的木板，将袖套置于其上，要求

$D_1=D_2$，$E_1=E_2$，允许 $C_1 \geqslant C_2$，如图 3-9（a）所示。应检测以下尺寸是否符合表 3-8 的要求。

A：平行于图 3-9（a）所示的水平中心线，测量从袖口边缘到肩部外缘的总长度。

B：平行于水平中心线，测量从袖口边缘到腋下最低点的长度。

C：垂直于水平中心线，测量 C_1+C_2 之和并减去袖套的 2 倍的厚度。

D：垂直于水平中心线，测量 D_1+D_2 之和并减去袖套的 2 倍的厚度。

（2）曲肘式袖套。

A：平行于图 3-9（b）所示的水平中心线，测量从袖口边缘到肩部开口处中间点的总长度。

B：平行于水平中心线，测量从袖口边缘到肩部最低处的长度。

C：肩部开口处的最大宽度减去袖套的 2 倍的厚度。

D：袖口加固边处的最大宽度减去袖套的 2 倍的厚度。

在绝缘袖套上应抽取 8 个以上的点进行厚度测量，可使用千分尺或同样精度的仪器进行测量。千分尺的精度应在 0.02mm 以内，应具有直径为（3.17±0.25）mm 的压脚。压脚应能施加（0.83±0.03）N 的压力。绝缘袖套应平展放置，以使千分尺测量面之间是平滑的表面。

2. 电气试验

绝缘袖套的交流耐压试验在环境温度（23±5）℃、相对湿度为 45%～75% 的条件下进行，分为以下两种试验方式。

（1）直置水电极试验方式。在试验容器中注入电气强度高、相对密度大于 1.0 且不溶于水的电介质溶液。电介质溶液在容器中的深度为 100mm，然后再向容器中注入水，将绝缘袖套的袖口端浸入水中，使袖口末端在电介质容器中浸入下 50mm（见图 3-10），再向绝缘袖套中注入水，绝缘袖套肩口端内外水电极之间的间隙距离应满足表 3-11 的要求。电极间隙允许误差为 25mm。若环境温度不能满足试验要求时，最大可增加 50mm。绝缘袖套袖口端内外水电极由电介质溶液分隔和绝缘，但在较高电压下，应增加绝缘袖套在电介质溶液中的浸入深度。

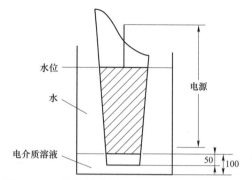

图 3-10　绝缘袖套的交流耐压试验布置示意图

表 3-11　　　　　　　　　　　绝缘袖套的电极间隙距离　　　　　　　　　　（mm）

绝缘袖套级别	间隙（交流）
0	80
1	80
2	130
3	180
4	260

注意：常用电介质溶液之一是 113 号冷冻剂。为避免膨胀，绝缘袖套不应长时间浸泡于电介质中。试验后用水清洗掉试品上的电介质溶液。电介质溶液混入水后，将降低电介质强度，因此，再次试验时，应留有足够的分离时间或采取其他方法分离水分。为避免绝缘袖套与电介质溶液界面闪络或电击穿，绝缘袖套应在试验前全面清洗或漂洗。

（2）直置干电极试验方式。电极由两块导电极板组成。电极形状与袖套内外形状相符，表面应光滑，不应有刻痕和凸块。将袖套平整布置于内外电极之间，不应强行拽拉袖套。当做较小尺寸袖套的试验时，用绝缘材料隔离即可进行试验。

试验电压应从较低值开始上升，并以大约 1000V/s 的速度逐渐升压，直至达到表 3-10 所规定的试验电压值或袖套发生击穿。试验时间从达到规定的试验电压的时刻开始计算。对于预防性试验，电压持续时间为 1min；如绝缘袖套无闪络、无击穿、无明显发热，则试验通过。

3.3 绝缘服（披肩）

绝缘服一般是以 EVA 热塑性树脂材料加工而成的服装，是保护带电作业人员接触带电导体和电气设备时免遭电击的一种人身安全防护用具。整套式绝缘服由绝缘上衣和绝缘裤组成，可以对人体的主要部分进行绝缘防护。目前，配网不停电作业使用的绝缘服主要适用于额定电压为交流 10kV 的带电设备检修作业。

3.3.1 绝缘服的基本性能

1. 分类

绝缘上衣按外形分为普通绝缘上衣、网眼绝缘上衣以及绝缘披肩三种样式，如图 3－11 所示；绝缘裤外形如图 3－12 所示。

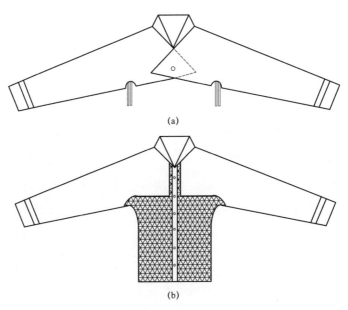

(a)

(b)

图 3－11 绝缘上衣外形示意图（一）

（a）绝缘披肩；（b）网眼绝缘上衣

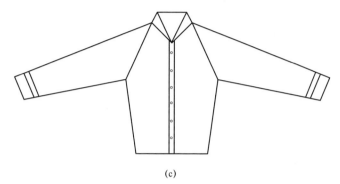

(c)

图 3-11 绝缘上衣外形示意图（二）

（c）普通绝缘上衣

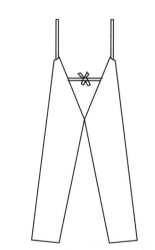

图 3-12 绝缘裤外形示意图

绝缘上衣的参考尺寸见表 3-12，绝缘裤的参考尺寸见表 3-13。

表 3-12 绝缘上衣参考尺寸 （mm）

号型	展开后袖口间距离
小号	1430
中号	1470
大号	1530
加大号	1600

表 3 – 13 绝 缘 裤 参 考 尺 寸 （mm）

号型	展开后全长
小号	850
中号	890
大号	930
加大号	980

2. 电气性能

绝缘服的电气性能主要包括整衣层向耐压性能、绝缘服沿面耐压性能、内层材料体积电阻系数等，见表 3 – 14。

表 3 – 14 绝 缘 服 的 电 气 性 能

电气性能	参数
整衣层向工频验证电压试验	20kV，型式试验：3min；预防性试验：1min
整衣层向工频耐受电压试验	30kV
绝缘服沿面工频耐压试验	电极间隙 0.4m，100kV，1min
内层材料体积电阻系数	$\geqslant 1 \times 10^{15}\Omega \cdot cm$

3. 机械性能

绝缘服的机械性能主要包括表层拉伸强度、表层抗机械刺穿强度和表层抗撕裂强度等，见表 3 – 15。由于机械性能试验一般为破坏性试验，因此绝缘服的预防性试验对机械性能不做要求。

表 3 – 15 绝 缘 服 的 机 械 性 能

机械性能	参数
表层拉伸强度	$\geqslant 9MPa$
表层抗机械刺穿强度	$\geqslant 15N$
表层抗撕裂强度	$\geqslant 150N$

绝缘披肩

3.3.2 绝缘服的预防性试验方法

绝缘服应每隔半年进行一次预防性试验，试验项目包括目视检查和电气试验（交流耐压试验）。

1. 目视检查

绝缘服外形应进行目测检验，整套绝缘服，包括上衣（披肩）、裤子均应完好无损，无深度划痕和裂缝、无明显孔洞。若绝缘服表面有贯穿性损伤，则直接做报废处理。绝缘服的尺寸应符合相关标准要求。绝缘披肩目视检查如图 3-13 所示。

图 3-13 绝缘披肩目视检查

2. 电气试验

试验设备及测量系统应符合《高电压试验技术　第 1 部分：一般定义及试验要求》（GB/T 16927.1—2011）的有关规定。试验设备应具有过电流保护装置。系统的测量不确定度应小于 3%。测量仪器、仪表应每年进行一次计量校核。试验在环境温度（23±5）℃、相对湿度为 45%～75%的条件下进行。

对绝缘服进行整衣层向验证电压试验时，应注意绝缘上衣的前胸、后背、左袖、右袖及绝缘裤的左右腿的上下方以及接缝处都要进行试验。绝缘服试验布置如图 3-14 所示，试验步骤如图 3-15～图 3-18 所示。电极由两块由海绵或其他吸水材料制成的湿电极组成，内、外电极形状与绝缘服内外形状相符。

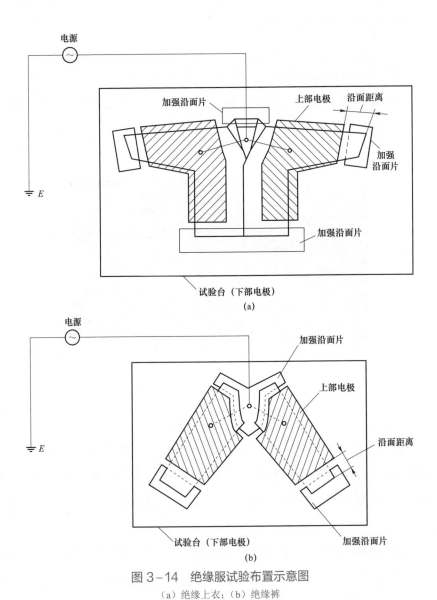

图 3-14 绝缘服试验布置示意图

（a）绝缘上衣；（b）绝缘裤

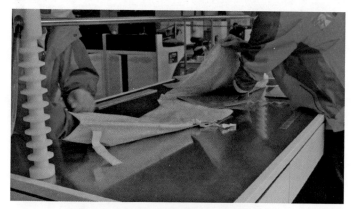

图 3-15　将内电极放入绝缘袖套内部

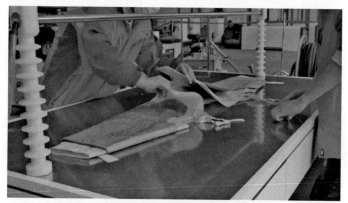

图 3-16　将外电极覆盖在绝缘袖套表面并接地

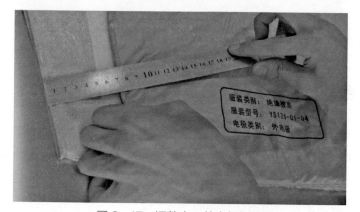

图 3-17　调整内、外电极间距

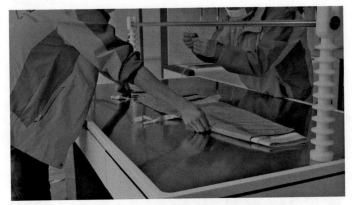

图 3-18 内电极连接高压引线

将绝缘服平整布置于内、外电极之间，不应强行拽拉。电极设计及加工应使电极之间的电场均匀且无电晕发生。电极边缘距绝缘服边缘的沿面距离为65mm。

试验电压应从较低值开始上升，并以大约 1000V/s 的速度逐渐升压，直至20kV 或绝缘服发生击穿。试验时间从达到规定的试验电压值开始计时，对于预防性试验，电压持续时间为 1min；试验以绝缘服无闪络、无击穿、无明显发热为通过。

3.4 绝 缘 鞋（靴）

绝缘鞋（靴）是由绝缘材料制成的鞋或靴，用来防止工作人员脚部触电。

3.4.1 绝缘鞋（靴）的基本性能

1. 分类

带电作业用绝缘鞋（靴）按照使用时所适用于不同电压等级的条件分为 5 个级别。绝缘鞋的级别为 0、1、2 级，绝缘靴的级别为 1、2、3、4 级。各级别绝缘鞋（靴）所适用的电压等级见表 3-16。

表 3-16 绝缘鞋（靴）适用电压等级 （V）

绝缘鞋（靴）级别	适用电压等级（交流）
0	400
1	3000
2	10 000（6000）
3	20 000
4	35 000

按鞋面材质，绝缘鞋可分为布面、皮面和胶面绝缘鞋。

绝缘鞋一般为平跟，绝缘靴后跟高度不应超过 30mm，外底应有防滑花纹。绝缘鞋（靴）鞋号应符合《鞋号》（GB/T 3293.1—1998）的规定，鞋楦应符合《中国鞋楦系列》（GB/T 3293—2017）的规定。

2. 电气性能

绝缘鞋（靴）应能通过交流验证耐压试验和验证电压下的泄漏电流试验，见表 3-17。

表 3-17 绝缘鞋（靴）电气性能

绝缘鞋（靴）级别	交流验证电压（kV）	最大泄漏电流（mA）	
		绝缘鞋	绝缘靴
0	5	1.5	—
1	10	3	20
2	20	6	22
3	30	—	24
4	40	—	26

注 在正常使用时，其泄漏电流值比试验值小，因为试验时试品与水（水的电导率应不大于 100μS/cm）的接触面积比带电作业时的接触面积大，并且验证电压比最大使用电压高。

3. 机械性能

（1）绝缘鞋的机械性能要求。绝缘鞋的拉伸强度、扯断伸长率、磨耗、硬度、粘附强度、剥离强度、耐折性能均应满足表 3-18 的要求。

表 3-18　　　　　　　　　绝 缘 鞋 机 械 性 能

序号	测试部位	项目	单位	指标
1	外底	拉伸强度	MPa	≥9.0
2	外底	扯断伸长率	%	≥370
3	外底	布面鞋（胶面鞋）磨耗	cm³/1.61km	≤1.6（浅色底） ≤1（黑色底）
		皮面鞋磨耗	mm/20min	≤10（皮鞋）
4	外底	硬度	邵氏 A	50～70
5	围条与鞋面（胶面鞋）	粘附强度	kN/m	≥2.22
6	围条与鞋面（布面鞋）	粘附强度	kN/m	≥1.96（单面） ≥1.57（防寒）
7	鞋帮与外底（皮面鞋）	剥离强度	kN/m	≥5.90
8	外底（皮面鞋）	耐折性能，裂口增长长度	mm/3 万次	≤4

（2）绝缘靴的机型性能要求。绝缘靴的拉伸强度、扯断伸长率、磨耗、硬度、粘附强度、耐折性能均应满足表 3-19 的要求。

表 3-19　　　　　　　　　绝 缘 靴 机 械 性 能

序号	测试部位	项目	单位	指标
1	靴面	拉伸强度	MPa	≥14
	靴底			≥12
2	靴面	扯断伸长率	%	≥450
	靴底			≥360
3	靴面	硬度	邵氏 A	55～65
	靴底			55～70
4	靴底	磨耗	cm³/1.61km	≤1.9
5	围条与靴面	粘附强度	kN/m	≥0.64
6	外底	耐折性能，裂口增长长度	mm/3 万次	≤4

3.4.2 绝缘鞋（靴）的预防性试验方法

绝缘鞋（靴）应每隔半年进行一次预防性试验，试验项目包括目视检查、交流耐压试验和泄漏电流试验。

绝缘鞋　　　绝缘靴

1. 目视检查

绝缘鞋（靴）一般为平跟而且有防滑花纹，因此，凡绝缘鞋（靴）有破损、鞋底防滑齿磨平、外底磨透露出绝缘层，均不得再作绝缘鞋（靴）使用。绝缘靴目视检查如图 3-19 所示。

图 3-19　绝缘靴目视检查

2. 电气试验

试验应在环境温度（23±53）℃、相对湿度 45%～75%的条件下进行。

绝缘鞋（靴）的电气试验按《足部防护　安全鞋》（GB 21148—2020）的规定进行，对于绝缘鞋或非胶面绝缘靴，具体方法如下：试验电极由内、外两个电极组成，其中外电极为海绵和水，内电极为直径大于 5mm 的铜片和直径为（3.5±0.6）mm 的不锈钢珠，钢珠应符合《滚动轴承　球　第 1 部分：钢球》（GB/T 308.1—2013）的要求，应采取措施防止或除去钢珠的氧化，因为氧化可能影响导电性。

将铜片放入绝缘鞋（靴）内，铜片上铺满直径为（3.5±0.6）mm 的不锈钢珠，钢珠高度至少15mm。内电极安装好后，将试样鞋（靴）放入盛有水和海绵的器皿中，含水海绵不得浸湿鞋帮。

按图3-20所示接线图接好电路，以1000V/s的速度使电压从零升到测试电压值的75%，再以100V/s的速度升到规定的电压值，保持1min，记录电流表所示之值，精确到0.01mA。测试结束应迅速降压至零位，但不得突然切断电源。试验步骤如图3-21～图3-23所示。

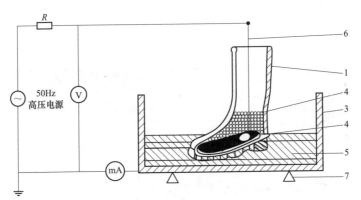

图3-20　非胶面绝缘鞋（靴）电气试验接线示意图

1—试样；2—不锈钢珠；3—金属盘；4—铜片（与金属导线相连）；
5—海绵和水；6—金属导线；7—绝缘支架

图3-21　在绝缘鞋内填充钢珠

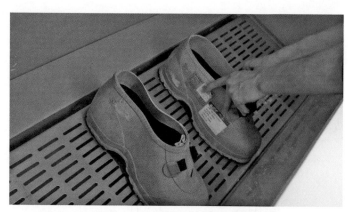

图 3-22 将绝缘鞋放入水槽中

图 3-23 将高压电极接入绝缘鞋内部钢珠中

对于胶面绝缘靴电气试验，内部充水应满足表 3-20 的规定。试验时，试品内侧、外侧的水平面高度应保持一致。胶面绝缘靴电气试验接线如图 3-24 所示，将绝缘靴内部注水并放入水槽中如图 3-25 所示。

表 3-20　　　　　　　　　电气试验时水面距靴口距离　　　　　　　　　（mm）

绝缘靴级别	水面距靴口距离
1	40
2	65
3	90
4	130

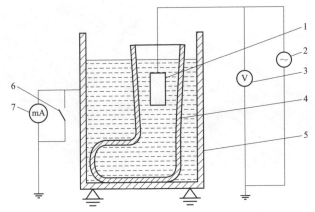

图 3-24 胶面绝缘鞋电气试验接线示意图
1—锁链或滑棒；2—高压电源；3—高压表；4—试品；
5—金属水箱；6—电流表短路开关；7—电流表

图 3-25 将绝缘靴内部注入水并放入水槽中

绝缘靴内侧的水形成一个电极，用锁链或滑棒插入水中，连接到电源的一端。绝缘靴外侧的水形成另一个电极，连接到电源的另一端。水中应无气泡或气隙（电导率不大于 $100\mu s/cm$），水平面以上悬露部分应保持干燥。

试验设备及测量系统应符合《高电压试验技术 第1部分：一般定义及试验要求》（GB/T 16927.1—2011）的有关规定。试验设备应能对试品提供无极、连续可调的电压，调压设备应升压方便且速度均匀。试验设备应有自动开关保护，试品在试验中损坏产生电流时，自动开关应跳闸。系统的测量误差应小于 3%。

测量交流耐压试验中的泄漏电流，可直接在回路中接入一个电流表（mA级），试验值应在电压升至耐压试验要求时读数。

进行交流耐压试验时，电压应从较低值开始，约以 1000V/s 的恒定速度逐渐升压，直至到达规定的试验电压值或发生击穿，试验后以相同的速度降压。施压时间从达到规定值的瞬间开始计算。

3.5 绝缘安全帽

安全帽是指对人头部受坠落物及其他特定因素引起的伤害起防护作用的帽子。安全帽由帽壳、帽衬、下颏带及附件等组成。绝缘安全帽则是在普通安全帽的基础上具备一定电气绝缘性能。

（1）帽壳：这是安全帽的主要部件，一般采用椭圆形或半球形薄壳结构。这种结构，在冲击压力下会产生一定的压力变形，由于材料的刚性性能吸收和分散受力，加上表面光滑与圆形曲线易使冲击物滑走，从而减少冲击的时间。根据加强安全帽外壳的强度的需要，外壳可制成光顶、顶筋、有沿和无沿等多种型式。

（2）帽衬：帽衬是帽壳内直接与佩戴者头顶部接触部件的总称，由帽箍环带、顶带、护带、托带、吸汗带、衬垫及拴绳等组成。帽衬的材料可用棉织带、合成纤维带和塑料衬带制成。帽箍为环状带，在佩戴时紧紧围绕人的头部，带的前额部分衬有吸汗材料，具有一定的吸汗作用。帽箍环带可分成固定带和可调节带两种，帽箍有加后颈箍和无后颈箍两种。顶带是与人头顶部相接触的衬带，顶带与帽壳可用铆钉连接，或用带的插口与帽壳的插座连接；顶带有十字形和六条形，相应设插口 4～6 个。

（3）下颏带：系在下颏上的带子，起固定安全帽的作用，由带和锁紧卡组成。没有后颈箍的帽衬，采用 Y 形下颏带。

3.5.1 绝缘安全帽的基本性能

1. 基本性能

（1）冲击吸收性能：按规定方法，经高温、低温、浸水、辐照预处理后做冲击测试，传递到头模上的力不超过 4900N；帽壳不得有碎片脱落。

（2）耐穿刺性能：按规定方法经高温、低温、浸水、辐照预处理后做穿刺测试，钢锥不得接触头模表面；帽壳不得有碎片脱落。

（3）下颌带的强度：按规定方法测试，下颌带断裂时的力值应在 150～250N。

2. 特殊性能

（1）电绝缘性能：按规定方法测试，泄漏电流不超过 1.2mA。

（2）阻燃性能：按规定方法测试，续燃时间不超过 5s，帽壳不得烧穿。

（3）侧向刚性：按规定方法测试，最大变形不超过 40mm，残余变形不超过 15mm，帽壳不得有碎片脱落。

（4）抗静电性能：按规定方法测试，表面电阻值不大于 $1 \times 10^{9} \Omega$。

（5）耐低温性能：按低温（−20℃）预处理后作冲击测试，传递到头模的力不超过 4900N，帽壳不得有碎片脱落；然后再用另一样品经（−20℃）预处理后做穿刺测试，钢锥不得接触头模表面，帽壳不得有碎片脱落。

3.5.2 绝缘安全帽的预防性试验方法

绝缘安全帽应每隔半年进行一次预防性试验，试验项目包括目视检查和电气试验（交流耐压试验）。

绝缘安全帽

1. 目视检查

绝缘安全帽内、外表面均应完好无损，无划痕、裂缝和孔洞。尺寸应符合相关标准要求。绝缘安全帽目视检查如图 3−26 所示。

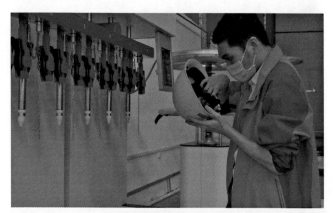

图 3-26　绝缘安全帽目视检查

2.电气试验

对绝缘安全帽进行交流耐压试验时，应将绝缘安全帽倒置于试验水槽内，注水进行试验。试验电压应从较低值开始上升，以大约 1000V/s 的速度逐渐升压至 20kV，加压时间保持 1min；试验时以绝缘安全帽无闪络、无击穿、无过热为合格。绝缘安全帽交流耐压试验接线如图 3-27 所示，试验步骤如图 3-28～图 3-30 所示。

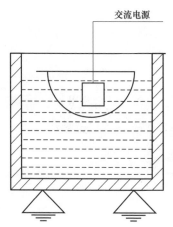

图 3-27　绝缘安全帽交流耐压试验接线示意图

图 3-28　绝缘安全帽悬挂固定

图 3-29　对绝缘安全帽内部注水

图 3-30　将安全帽置入水槽中

3.6 绝 缘 垫

绝缘垫又称绝缘橡胶垫、绝缘地胶、绝缘垫片等，是具有较大体积电阻率和耐电击穿的胶垫，一般用于配电等工作场合的台面或铺地绝缘材料。

3.6.1 绝缘垫的基本性能

1. 分类

绝缘垫按电气性能分为0、1、2、3、4五级，适用于不同的电压等级，见表3－21。对具有耐低温性能的绝缘垫特别标明为C类绝缘垫。

表 3－21 绝缘垫适用电压等级 （V）

绝缘垫级别	适用电压等级（交流有效值*）
0	380
1	3000
2	10 000（6000）
3	20 000
4	35 000

* 在三相系统中指线电压。

生产商应提供绝缘垫的长度和宽度，绝缘垫的长度和宽度不得小于600mm，绝缘垫的尺寸要求见表3－22。

表 3－22 绝 缘 垫 的 尺 寸 要 求 （mm）

特殊型绝缘垫		卷筒型绝缘垫
长度	宽度	宽度
1000	600	600
1000	1000	760
1000	2000	915
—	—	1220

注 各种绝缘垫尺寸允许误差需控制在±2%以内。

绝缘垫应有合适的柔软度，其最大厚度要求见表 3－23。应该在皱纹或菱形花纹之上测量，皱纹的深度应不大于 3mm，菱形花纹的高度应不大于 2mm。

表 3－23 　　　　　　　　　　 绝 缘 垫 最 大 厚 度 　　　　　　　　　（mm）

绝缘垫级别	最大厚度
0	6.0
1	6.0
2	8.0
3	11.0
4	14.0

2. 电气性能

绝缘垫应能通过交流认证电压试验和交流耐压试验，试验电压见表 3－24。

表 3－24 　　　　　　　　　　 绝 缘 垫 试 验 电 压 　　　　　　　　　（kV）

绝缘垫级别	试验电压（交流有效值）	
	认证试验电压	耐受试验电压
0	5	10
1	10	20
2	20	30
3	30	40
4	40	50

3. 机械性能

（1）绝缘垫抗机械刺穿力应不小于 70N。

（2）防滑试验中，平均承受拉力应大于 50N。

3.6.2　绝缘垫的预防性试验方法

绝缘垫应每隔半年进行一次预防性试验，试验项目包括目视检查和电气试验（交流耐压试验）。

绝缘垫

1. 目视检查

绝缘垫上、下表面不应存在破坏均匀性、损坏表面光滑轮廓的有害不规则缺陷，如小孔、裂纹、局部隆起、切口、夹杂导电异物、折缝、空隙、凹凸波纹及铸造标志等。绝缘垫目视检查如图 3-31 所示。

图 3-31　绝缘垫目视检查

2. 电气试验

试验设备及测量系统应符合《高电压试验技术　第 1 部分：一般定义及试验要求》（GB/T 16927.1—2011）的有关规定。试验设备应具有过电流保护装置。系统的测量误差应小于 3%。测量仪器、仪表应每年进行一次计量校核。电极设计及加工应使电极之间的电场均匀且无电晕发生。

（1）标准电极方式。电极应是具有光滑边缘的矩形金属板，厚度约 5mm。上极板与下级板之间的绝缘距离应满足表 3-25 中对电极间隙的规定。在计入电极间隙后，极板尺寸应能大于被测绝缘垫的尺寸。使用标准电极进行绝缘垫认证试验布置如图 3-32 所示，试验步骤如图 3-33 和图 3-34 所示。

表 3-25　　　　　　　　　绝缘垫最大电极间隙　　　　　　　　　　（mm）

绝缘垫级别	最大电极间隙
0	80
1	80

续表

绝缘垫级别	最大电极间隙
2	150
3	200
4	300

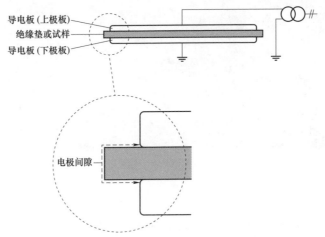

图 3-32　使用标准电极进行绝缘垫认证试验布置示意图

图 3-33　将平板电极放置在绝缘垫上

图 3-34　连接高压引线

（2）替代标准电极方式。如果在使用标准类型电极进行认证试验过程中发生闪络，则应使用该类型电极。

将一个厚度为 3～5mm、中空为 762mm×762mm、边长为 1270mm×1270mm 耐热型有机玻璃板置放在接地金属板上，将导电橡胶或潮湿的海绵置放入玻璃板的中空部分，再把被试绝缘垫置放其上，试验电压施加在绝缘垫上部一个厚度约为 5mm、边长为 762mm×762mm、具有光滑边缘的矩形金属极板上。使用替代标准电极进行绝缘垫认证试验布置如图 3-35 所示。

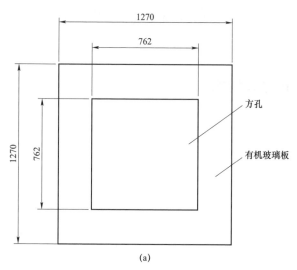

(a)

图 3-35　使用替代标准电极进行绝缘垫认证试验布置示意图（一）

（a）俯视图

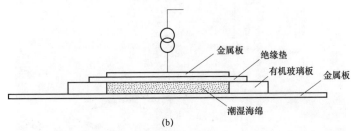

图 3-35 使用替代标准电极进行绝缘垫认证试验布置示意图（二）

（b）侧视图

试验电压从较低数值开始上升，并以 1000V/s 的速度逐渐升压，直至达到表 3-24 规定的认证试验电压或绝缘垫发生击穿。试验时间从达到规定的试验电压的时刻开始计算，对于预防性试验，电压持续时间为 1min；如果试验时绝缘垫无闪络、无击穿、无明显发热，则试验通过。

3.7 绝 缘 毯

绝缘毯是用绝缘材料制成的保护作业人员触及带电体时免遭电击，以及防止电气设备之间短路的安全防护用具。

3.7.1 绝缘毯的基本性能

1. 分类

绝缘毯按电气性能分为 0、1、2、3、4 五级，适用于不同的电压等级，见表 3-26。

表 3-26　　　　　　　　　绝缘毯适用电压等级　　　　　　　　（V）

绝缘毯级别	适用电压等级（交流有效值*）
0	380
1	3000
2	6000、10 000

续表

绝缘毯级别	适用电压等级（交流有效值*）
3	20 000
4	35 000

* 在三相系统中指线电压。

具有特殊性能和多重特殊性能的绝缘毯分为 6 种类型，分别为 A、H、Z、M、S、C 型，绝缘毯的型号及特殊性能见表 3－27。

表 3－27　　　　　　　　　　　绝缘毯的型号及特殊性能

绝缘毯型号	特殊性能
A	耐酸
H	耐油
Z	耐臭氧
M	耐机械刺穿
S	耐油和臭氧
C	耐低温

绝缘毯的形状可采用平展式（见图 3－36）或开槽式（见图 3－37），以及专为满足特殊用途需要设计的某种形式。

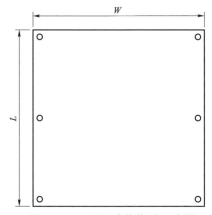

图 3－36　平展式绝缘毯示意图

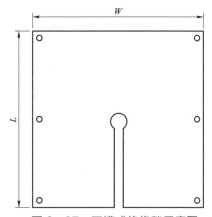

图 3－37　开槽式绝缘毯示意图

2. 尺寸

（1）生产商应提供绝缘毯的长度和宽度，绝缘毯的尺寸要求见表3-28。

表 3-28 绝 缘 毯 的 尺 寸 要 求 （mm）

平展式绝缘毯		开槽式绝缘毯	
长度 L	宽度 W	长度 L	宽度 W
910	305	—	—
560	560	560	560
910	690	910	910
910	910	—	—
2280	910	1160	1160

注 除1160mm×1160mm开槽式绝缘毯外，允许误差均为±15mm；开槽式1160mm×1160mm绝缘毯的允许误差为±25mm。

（2）绝缘毯应有合适的柔软度，其最大厚度要求见表3-29。

表 3-29 绝 缘 毯 最 大 厚 度 （mm）

绝缘毯级别	橡胶类材料绝缘毯	塑胶类材料绝缘毯
0	2.2	1.0
1	3.6	1.5
2	3.8	2.0
3	4.0	2.9
4	4.3	3.8

绝缘毯上、下表面不应存在破坏均匀性、损坏表面光滑轮廓的有害不规则缺陷，如小孔、裂纹、局部隆起、切口、夹杂导电异物、折缝、空隙、凹凸波纹及模压标志等。

绝缘毯上、下表面的无害不规则缺陷，是指在生产过程中形成的表面不规则缺陷。下列不规则缺陷，是可接受的：

1）凹陷直径不大于1.6mm，边缘光滑，当凹陷处的反面包敷在拇指上扩展时，正面不应有可见痕迹。

2）绝缘毯上直径不大于 1.6mm 的凹陷在 5 个以下，且任意两个凹陷之间的距离大于 15mm。

3）当拉伸时，凹槽或模型标志趋向于平滑的表面。

4）表面上由杂质形成的凸块不影响材料的延展。

3. 电气性能

绝缘毯应能通过交流电压认证试验和交流耐压试验，试验电压见表 3－30。

表 3－30　　　　　　　　　绝 缘 毯 试 验 电 压　　　　　　　　（kV）

绝缘毯级别	试验电压（交流有效值）	
	认证试验电压	耐受试验电压
0	5	10
1	10	20
2	20	30
3	30	40
4	40	50

4. 机械性能

（1）绝缘毯的平均拉伸强度应不小于 12MPa。对于橡胶类绝缘毯，拉断伸长率应不小于 300%；对于塑胶类绝缘毯，拉断伸长率应不小于 150%。

（2）对于 0 级绝缘毯，要求抗刺穿力不小于 30N；对于其他级别的绝缘毯，要求抗刺穿力不小于 45N。

（3）绝缘毯的拉伸永久变形应不超过 15%。

（4）采用塑胶类材料制成的绝缘毯的抗撕裂强度应不小于 30N。

3.7.2　绝缘毯的预防性试验方法

绝缘毯应每隔半年进行一次预防性试验，试验项目包括目视检查和电气试验（交流耐压试验）。

绝缘毯

1. 目视检查

检查绝缘毯的上、下表面是否有小孔、裂纹、局部隆起、切口、夹杂导电异物、折缝、空隙、凹凸波纹及模压标志等不规则缺陷。绝缘毯目视检查如图 3-38 所示。

图 3-38　绝缘毯目视检查

2. 电气试验

试验设备及测量系统应符合《高电压试验技术　第 1 部分：一般定义及试验要求》（GB/T 16927.1—2011）的有关规定。试验设备应具有过电流保护装置。系统的测量误差应小于 3%。测量仪器、仪表应每年进行一次计量校核。电极设计及加工应使电极之间的电场均匀且无电晕发生。

（1）标准电极方式。电极应是具有光滑边缘的矩形金属板，厚度约 5mm。上极板与下极板之间的绝缘距离应满足表 3-31 中对电极间隙的规定。在计入电极间隙后，极板尺寸应能大于被测绝缘毯的尺寸。使用标准电极进行绝缘毯认证试验布置如图 3-39 所示，试验步骤如图 3-40～图 3-43 所示。

表 3-31　　　　　　　　　　　　绝缘毯最大电极间隙　　　　　　　　　　　　（mm）

绝缘毯级别	最大电极间隙
0	80
1	80
2	150
3	200
4	300

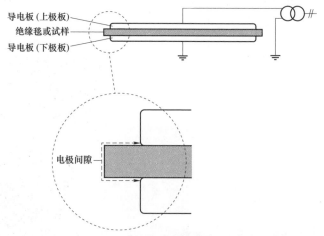

图 3-39　使用标准电极进行绝缘毯认证试验布置示意图

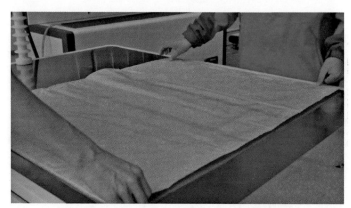

图 3-40　将绝缘毯平铺在接地金属平板上

图 3-41　在绝缘毯上放置金属平板电极

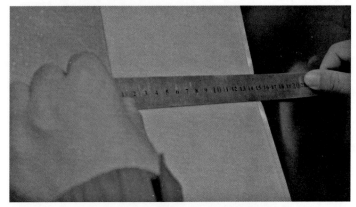

图 3-42　控制绝缘毯上下两层间距

图 3-43　连接高压引线

（2）替代标准电极方式。如果在使用标准类型电极进行认证试验过程中发生闪络，则应使用该类型电极。

将一个厚度为 3～5mm、中空为 762mm×762mm、边长为 1270mm×1270mm 耐热型有机玻璃板置放在接地金属板上，将导电橡胶或潮湿的海绵置放入玻璃板的中空部分，再把被试绝缘毯置放其上，试验电压施加在绝缘毯上部一个厚度约为 5mm、边长为 762mm×762mm、具有光滑边缘的矩形金属极板上，使用替代标准电极进行绝缘毯认证试验布置如图 3-44 所示。

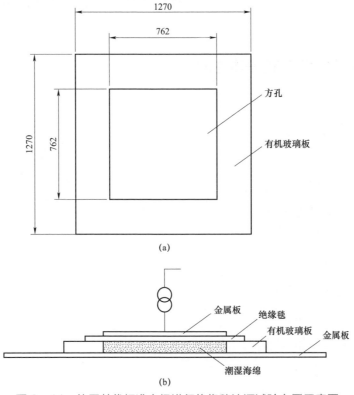

图 3-44 使用替代标准电极进行绝缘毯认证试验布置示意图

（a）俯视图；（b）侧视图

试验电压从较低数值开始上升，并以 1000V/s 的速度逐渐升压，直至达到表 3-30 规定的认证试验电压或绝缘毯发生击穿。试验时间从达到规定的试验电压的时刻开始计算，对于预防性试验，电压持续时间为 1min；如果试验时绝缘毯无闪络、无击穿、无明显发热，则试验通过。

3.8　绝缘遮蔽罩

绝缘遮蔽罩是由绝缘材料制成，用于遮蔽带电导体或不带电导体部件的保护罩。在带电作业用具中，绝缘遮蔽罩不起主绝缘作用，它只适用于在带电作业人员发生意外短暂碰撞时，即擦过接触时，起绝缘遮蔽或隔离的保护作用。

3.8.1　绝缘遮蔽罩的基本性能

1. 分类

（1）根据绝缘遮蔽罩的不同用途，可以将其分为以下几种类型：

1）导线遮蔽罩；

2）针式绝缘子遮蔽罩；

3）耐张装置遮蔽罩；

4）悬垂装置遮蔽罩；

5）线夹遮蔽罩；

6）棒型绝缘子遮蔽罩；

7）电杆遮蔽罩；

8）横担遮蔽罩；

9）套管遮蔽罩；

10）跌落式开关遮蔽罩；

11）其他遮蔽罩（可根据被遮蔽物体专门设计）。

（2）遮蔽罩按电气性能分为 0、1、2、3、4 五级，适用于不同的电压等级，见表 3 – 32。

表 3 – 32 　　　　　　　　　　绝缘遮蔽罩适用电压等级　　　　　　　　　（V）

绝缘遮蔽罩级别	适用电压等级（交流有效值*）
0	380
1	3000
2	6000、10 000
3	20 000
4	35 000

* 在三相系统中指线电压。

　　绝缘遮蔽罩的尺寸和形状应和被遮蔽对象相配合。对于以多个绝缘遮蔽罩组成的绝缘遮蔽系统，每个绝缘遮蔽罩应便于相互组装、相互连接，在其保护区域内应不出现间隙。

　　2. 电气性能

　　绝缘遮蔽罩应能通过交流认证电压试验和交流耐压试验，试验电压见表 3 – 33。

表 3 – 33 　　　　　　　　　　绝缘遮蔽罩试验电压　　　　　　　　　　（V）

绝缘遮蔽罩级别	试验电压（交流有效值）	
	认证试验电压	耐受试验电压
0	5	10
1	10	20
2	20	30
3	30	40
4	40	60

　　对于组合使用的绝缘遮蔽罩，将两件试品按要求进行装配组合，每一件试品均应通过电气性能试验。在进行组合装配试验时，试验电压施加在整个组合装配试件上，包括接合部件在内。

3. 机械性能

绝缘遮蔽罩在低温条件下，受到 20J 冲击力作用后，凹痕直径应不大于 5mm，冲击处应无裂痕、无明显损伤。

3.8.2　绝缘遮蔽罩的预防性试验方法

绝缘遮蔽罩应每隔半年进行一次预防性试验，试验项目包括目视检查和电气试验（交流耐压试验）。

导线遮蔽罩　　　绝缘子遮蔽罩　　　横担遮蔽罩　　　避雷器遮蔽罩

1. 目视检查

各类绝缘遮蔽罩上、下表面均不应存在有害的缺陷，如小孔、裂缝、局部隆起、切口、夹杂导电异物、折缝、空隙、凹凸波纹等。绝缘遮蔽罩的尺寸和爬距应符合相关标准要求。绝缘遮蔽罩目视检查如图 3-45 所示。

图 3-45　绝缘遮蔽罩目视检查

2. 电气试验

绝缘遮蔽罩电气试验的内电极是高压电极，由不锈钢金属棒（或金属管）和一翼状金属块组成，绝缘遮蔽罩的电极如图 3-46 所示，对应的内

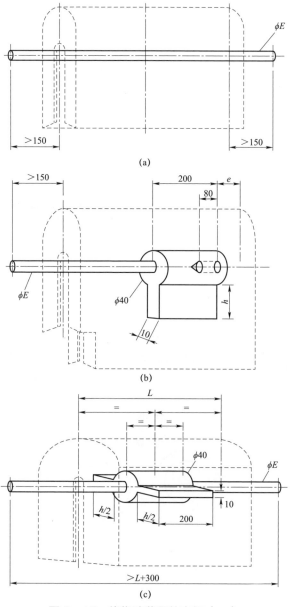

图 3-46　绝缘遮蔽罩的电极（一）

（a）硬质导线遮蔽罩电极；（b）耐张装置遮蔽罩的电极；（c）棒形绝缘子遮蔽罩的电极

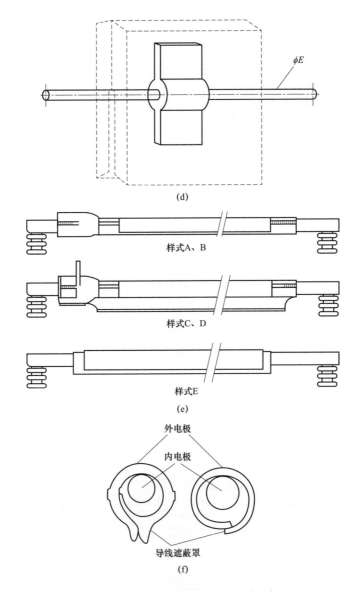

图 3−46　绝缘遮蔽罩的电极（二）

（d）悬垂装置遮蔽罩的电极；（e）软质导线耐压试验内电极；

（f）软质导线耐压试验外电极

电极金属棒（或金属管）的直径见表 3－34。图 3－46（b）中，1 为螺纹孔，用 $\phi15$ 的绝缘杆来支撑电极；$e=80\times(c+1)$，$h=40\times(c+1)$，c 为遮蔽罩等级数。

表 3－34　　　　　　　　　　绝缘遮蔽罩的内电极直径　　　　　　　　　　（mm）

绝缘遮蔽罩级别	小电极直径	大电极直径
0	4.0	大电极的直径与遮蔽罩的级别无关，可以选用下列数值 4.0　6.5　10.0 15.0　22.0　32.0 45.0
1	4.0	
2	4.0	
3	6.5	
4	10.0	

外电极是接地极，应用电阻率较小的金属材料支撑，其表面电阻应小于 100Ω（如导电纤维、金属箔或网眼宽度小于 2mm 的金属网）。电极边缘应圆滑并能与绝缘遮蔽罩很好的套合，不会使外电极刺入或划伤绝缘遮蔽罩。将外电极套在绝缘遮蔽罩的表面，其内、外电极的距离应满足表 3－35 的要求。

表 3－35　　　　　　　　　　绝缘遮蔽罩内、外电极间距离　　　　　　　　　　（mm）

绝缘遮蔽罩级别	内、外电极间距离
0	40
1	90
2	135
3	180
4	470

试验电压从 0 开始，并以 1000V/s 的速率增长到表 3－32 规定值，电压持续时间为 1min。绝缘遮蔽罩电气试验接线如图 3－47 所示（测量设备的输入阻抗不大于 10 000Ω，测量区应离开任何高压电源至少 2m），试验步骤（以绝缘子遮蔽罩为例）如图 3－48～图 3－51 所示。若试验时绝缘遮蔽罩无闪络、无击穿、无明显发热，则试验通过。

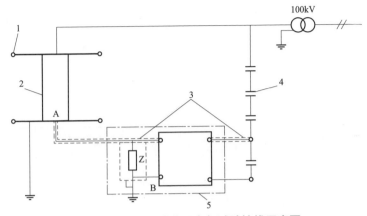

图 3-47　绝缘遮蔽罩电气试验接线示意图

1—环形铜管；2—试验样品；3—同轴电缆；4—电容式（电阻式）分压器；5—测量设备

图 3-48　在绝缘子遮蔽罩表面覆盖导电纸

图 3-49　将导电布填充进绝缘子遮蔽罩内

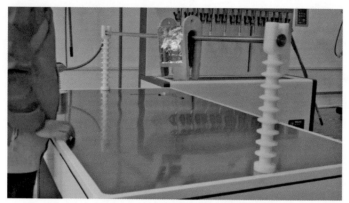

图 3-50　将绝缘子遮蔽罩放在高压电极上

图 3-51　将接地引线与绝缘子遮蔽罩外部导电纸连接

4

检测及检修装置的预防性试验

4.1 核 相 仪

4.1.1 核相仪的基本性能

在配网不停电作业项目中，例如旁路临时取电作业、带负荷检修设备等存在相位可能发生变动的情况，需要校验相序相同后才能允许进行同期并列。核相仪是通过采集高压线路频率和相位信息，并通过计算判断两个已带电部位之间正确相位关系的便携式装置。

1. 分类

（1）按照探测电压和频率信号的原理，核相仪可分为电容型和电阻型两种。

1）电容型核相仪是探测和指示基于电流通过杂散电容接地相位关系的装置，有无引线的双杆型核相仪和带存储系统的单杆核相仪两种，可用于 1～500kV 电压等级。

2）电阻型核相仪是探测和指示基于电流通过电阻元件的相位关系的装置，为双杆核相仪，仅用于 35kV 及以下电压等级。

（2）根据使用场所，核相仪可分为户内型和户外型两类。

（3）根据使用环境的气候情况，核相仪可分为低温型（C）、常温型（N）和高温型（W）三类。各类核相仪所适用的使用环境条件见表4-1。

表4-1　　　　　　　　　　　核相仪使用环境条件

种类	温度（℃）	相对湿度（%）
低温型（C）	−40～＋55	20～96
常温型（N）	−25～＋55	20～96
高温型（W）	−5～＋70	12～96

2. 电气性能

核相仪外壳应使用绝缘材料制作，应有足够的绝缘强度，以承受被检测电压。对于直接接触带电设备的核相仪，应防止核相仪设备的带电部分之间或设备带电部分与地之间发生闪络或击穿。核相仪进行泄漏电流检测时，泄漏电流不应超过0.5mA。当$1.2U_r$的试验电压施加在接触电极之间时，电阻型核相仪通过核相仪本体的最大回路电流不应超过3.5mA。电阻型核相仪地线和连接引线应由高压柔软多股电缆制成。核相仪引线的连接部件和引线的绝缘层应能耐受$1.2U_r$电压。

整体式核相仪绝缘部件最小长度及电压范围应满足表4-2的要求。

表4-2　　　　　　　整体式核相仪绝缘部件最小长度及电压范围

绝缘部件最小长度（mm）	电压范围（kV）
700	$1<U_n\leqslant10$
800	$10<U_n\leqslant20$
900	$20<U_n\leqslant35$

注　在某些特定环境中使用的核相仪，其长度增加值可由制造厂与用户商议后决定。

3. 机械性能

核相仪应有足够的长度和绝缘强度，可由一人方便地进行操作。

整体式核相仪应至少包括手柄、护手环、绝缘元件和（或）电阻元件、显示器、限位标记和接触电极。分离式核相仪应至少包括接触电极、显示器、限位标记、转接器和绝缘杆。电阻型核相仪应附带电阻元件、连接引线以及地线。核相仪的结构如图4-1所示，其中电阻型两极单元型核相仪仅用于35kV及以下电压等级。

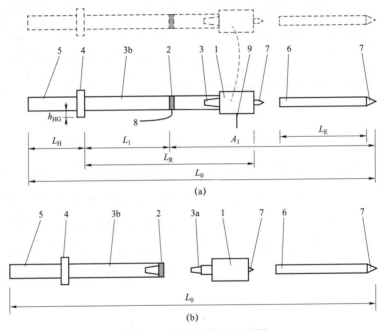

图4-1 核相仪结构示意图

（a）电阻型两极单元型核相仪；（b）电容型单极分离元件核相仪

1—显示器；2—限位标记；3—转接口；3a—适配器（能代替限位标记）；

3b—电阻元件/绝缘部件；4—护手环；5—手柄；6—延伸接触电极；

7—接触电极；8—地线；9—连接引线；h_{HG}—护手环高度；

L_H—手柄长度；L_1—绝缘部件长度；L_R—电阻元件长度；

L_E—延伸接触电极长度；L_0—核相仪的总长；A_1—插入深度

核相仪应操作便捷、可靠，符合使用者的自然作用力。测量装置的质量不应超过总质量的10%。每一操作杆的握紧力不应超过200N。因自重弯曲时的挠度不应大于全长的10%。显示器、电阻元件和接触电极的延伸部分相互的连接及与地线的连接均应具有抗机械拉力性能。核相仪应具有抗跌落性能。显示器、电阻元件和接触电极的延伸部分应具有抗机械冲击性能。

4.1.2 核相仪的预防性试验方法

核相仪（绝缘杆）

核相仪应每隔一年进行一次预防性试验，试验项目包括目视检查和电气试验（交流耐压试验、连接引线及地线绝缘强度试验、防止短接试验、明显指示试验、自检试验）。

4.1.2.1 目视检查

检查核相仪的各部件，包括手柄、护手环、绝缘元件、电阻元件、限位标记和接触电极、连接引线、接地引线、指示器、转接器和绝缘杆等均应无明显损伤。各部件连接应牢固可靠，指示器应密封完好，表面应光滑、平整，指示器上的标志应完整。绝缘杆内外表面应清洁、光滑，无划痕及硬伤。核相仪目视检查如图4-2所示。

图4-2 核相仪目视检查

4.1.2.2 电气试验

1. 交流耐压试验

核相仪绝缘操作杆的交流耐压试验要求参照第2章绝缘杆的预防性试验方法。核相仪绝缘操作杆交流耐压试验如图4-3所示。

图 4-3　核相仪绝缘操作杆交流耐压试验

2. 连接引线及地线绝缘强度试验

电阻型核相仪需进行该试验。将试品安装成环型，使两端连接到单相试验电源的一极上，另一极连接到水槽。把环型试品浸放在水中，水的电阻率不大于 $100\Omega \cdot m$。浸放在水槽中的部分长度为 2m。水上部分的绝缘引线表面不应该发生闪络。施加 $1.2U_r$ 试验电压，持续 1min，如果核相仪绝缘没有击穿则认为试验通过。

3. 防止短接试验

电阻型核相仪需进行该试验。试验母排呈 V 形布置，如图 4-4 所示，试验电压为 $1.2U_n$。

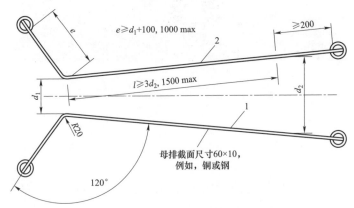

图 4-4　V 形母排试验布置和尺寸示意图

1—前母线；2—后母线

母排截面尺寸为 60mm×10mm，母排所有边角均为半径 1mm 的圆角。母排 1 与母排 2 之间的距离 d_1 应需根据表 4-3 进行调整，$d_2 = A_1 + d_1 + 200$（d_2、A_1 的单位为 mm，A_1 是插入深度，见图 4-1）。V 形母排的连接如图 4-5 所示。

表 4-3   防短接试验布置的距离 d_1 （mm）

标称电压 U_n（kV）	户内型	户外型
$U_n \leq 6.0$	50	150
$6.0 < U_n \leq 10.0$	85	180
$10.0 < U_n \leq 20.0$	115	215
$20.0 < U_n \leq 35.0$	180	325

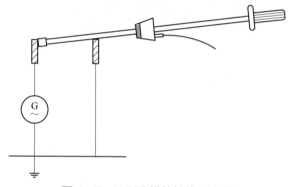

图 4-5 V 形母排的接线示意图

（1）户内型核相仪。对核相仪进行沿面耐压试验和径向沿面耐压试验。

1）沿面耐压试验。核相仪应平放在母排 1 上，接触电极的顶部置于母排 2，持续 1min，如图 4-6（a）所示。旋转核相仪并向母排 2 推进，直至限位标记超过母排 2 约 200mm，如图 4-6（b）所示。如果无闪络或击穿发生，认为试验通过。

2）径向沿面耐压试验。核相仪应平放在母排 1 上，接触电极的顶部位于母排 2 的窄点 d_1 处。保持接触电极与母排 2 接触，同时沿着母排滚动核相仪，接触电极保持和母排 2 接触，直至限位标记超过母排 1 约 200mm，如图 4-7 所示。如果无闪络或击穿发生，认为试验通过。

（2）户外型核相仪。户外电容型核相仪防短接试验布置如图 4-8 所示。

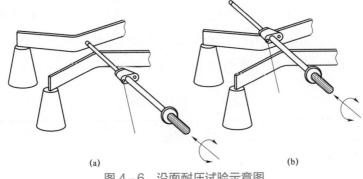

(a)   (b)

图 4-6　沿面耐压试验示意图

（a）最初位置；（b）最后位置

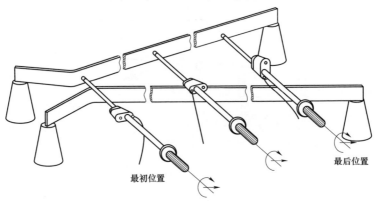

最初位置　　　　　　　　　　　最后位置

图 4-7　径向沿面耐压试验示意图

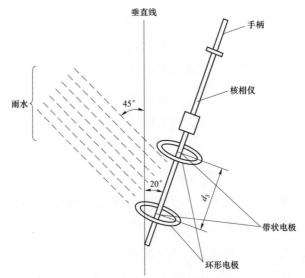

图 4-8　户外电容型核相仪防短接试验布置示意图

在核相仪操作杆上安装两个带状电极，其宽度应符合表 4-4 的要求。带状电极缠绕在绝缘杆上，一个位于接触电极，另一个在手柄侧，间距为表 4-3 中的 d_1。采用同心圆环对带状电极进行屏蔽，同心圆环尺寸见表 4-4。

表 4-4 同心圆环和带状电极的尺寸 （mm）

带状电极宽度	同心圆环尺寸	
	外径	截面直径
20	200	30

进行防短接试验时，同心圆环应与带状电极电气连接。离地近的带状电极接地，离地远的带状电极连接交流电压源。

淋雨试验步骤如下。

1）核相仪应与垂直面成 20°±5° 倾角放置，接触电极向下，雨水以与垂直面成 45° 角（也就是与核相仪的夹角约为 65°），如图 4-9 所示，被试验段的淋雨应尽可能均匀；

2）绝缘杆应淋雨 3min，然后尽可能快地旋转 180°，使触电极朝上，再淋雨 2min；

3）在淋雨状态下施加试验电压（1.2 倍的标称电压）1min；

4）带状电极应一段一段地移动，并始终保持相同的距离 d_1，以使相邻试验段有大约 50% 的部分重叠。重复淋雨试验，直到接地电极与接触电极距离为 d_3：

$$d_3 = A_1 + d_1$$

有标称电压范围的核相仪，防短接试验应在其电压范围内，按照表 4-3 中对应的每一个电压等级及距离 d_1 进行试验；如果无闪络或击穿发生，认为试验通过。

（3）连接引线。电阻型核相仪需进行该试验。试验时，拉伸两根操作杆之间的连接引线，使之与母排 1、2 相接触，一根操作杆紧挨在母排 2 的外侧，然后移动核相仪，直到另一根操作杆紧挨母排 1 的外侧。连接引线防短接试验布置如图 4-9 所示。

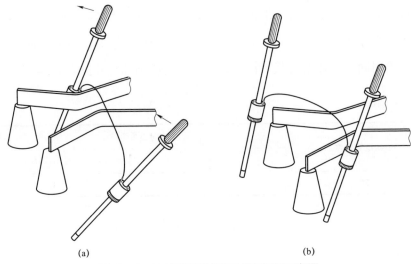

图4-9 连接引线防短接试验布置示意图

（a）最初位置；（b）最后位置

如果在以上的试验中没有发生闪络或者击穿，则认为试验通过。

4. 明显指示试验

试验室的地面应导电或铺上导电垫并接地。试验应在没有外界干扰场的室内进行，按照图4-10及图4-11进行试验布置，试验布置参数见表4-5和表4-6。试验装置与地面之间距离H的范围内，与周围任何方向距离W的范围内，不应放置任何其他物体。试验时，被试核相仪的接触电极必须与试验装置的试验电极接触良好。

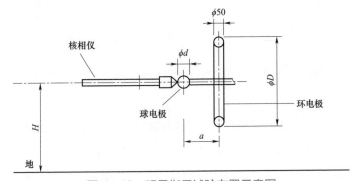

图4-10 明显指示试验布置示意图

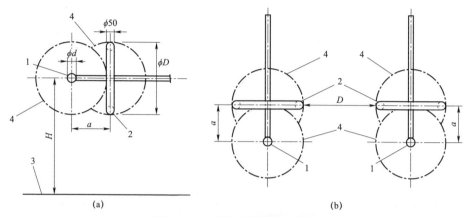

图 4-11 试验电极布置示意图

（a）试验电极侧视图；（b）试验电极俯视图

1—球电极（B1、B2）；2—环电极（R1、R2）；3—地面；4—电极周围直径为 D 的球形区域；

a—电极间距离；D—环电极间的距离；H—试验装置与地面的距离

表 4-5 试 验 布 置 尺 寸 参 数 （mm）

U_n（kV）	电极间隔距离 a	H	环直径 D	球直径 d	墙壁和天花板间距 W（3D）
10					
20	300	1500	550	60	>1650
35					
110					
220	1000	2500	1050	100	>3150
330					
500	1600	4000	1500	150	>4500

试验时被试核相仪应水平放置，连接引线应收紧，且以水平连接的方式与两个接触电极相连，引入试验电压。

连接球电极的操作杆放置在环电极中间。试验时，应根据核相仪的电压等级来调节电源在球电极 B1、B2 上形成的相位差，表 4-6 中所列试验参数及要求均以 A 级核相仪为例。

表 4-6　　　　　　　　　明显指示试验参数及要求

试验顺序		试验电压		试品显示要求
		电极 B1	电极 B2	
电容型核相仪	1	$0.45U_{n \cdot min}$	$0.45U_{n \cdot min}10°$	正确相位关系
	2	$0.63U_{n \cdot max}$	$0.63U_{n \cdot max}10°$	正确相位关系
	3	$0.45U_{n \cdot min}$	$0.45U_{n \cdot min}30°$	不正确相位关系
	4	$0.63U_{n \cdot max}$	$0.63U_{n \cdot max}30°$	不正确相位关系
电阻型核相仪	1	$(U_{n \cdot max} - 10\%)/\sqrt{3}$	$(U_{n \cdot max} + 10\%)/\sqrt{3}\ 10°$	正确相位关系
	2	$(U_{n \cdot min} - 10\%)/\sqrt{3}$	$(U_{n \cdot min} - 10\%)/\sqrt{3}\ 30°$	不正确相位关系

注　$0.45U_n$ 对应 $0.78U_n/\sqrt{3}$；$0.63U_n$ 对应 $1.1U_n/\sqrt{3}$。环电极 R1、R2 均应接地。

对于适用于多个电压等级的核相仪，每个电压等级均需进行此项试验。

5. 自检试验

按照操作程序和步骤对核相仪进行自检回路检测，重复进行 3 次自检；每次自检都有视觉和（或）听觉信号，则试验通过。

4.2　验　电　器

4.2.1　验电器的基本性能

在停电检修装设接地线前验电，可以确定停电设备是否无电压，以保证装设接地线人员的安全和防止带电装设接地线或带电合接地隔离开关等恶性事故的发生。在带电作业前对带电体和接地体进行验电，可有效确认杆上设备绝缘情况是否良好。在配电网检修作业中一般使用电容型验电器进行验电，它是通过检测流过验电器对地杂散电容中的电流，检验高压电气设备、线路是否带有运行电压的装置。

1. 分类

电容性验电器按指示方式可分为声类、光类和声光组合类等；按连接方式可分为整体式（指示器与绝缘部件固定连接）和分体组装式（指示器与绝缘杆可拆卸组装）；按使用环境条件可分为户内型和户外型；按使用环境温度可分为低温型、常温型、高温型；按有无接触电极延长段可分为 L 类（无接触电极延长段）和 S 类（有接触电极延长段）；按照标称电压范围可分为单一标称电压的验电器和具有标称电压范围的验电器；按测量原理可分为电阻型验电器和电容型验电器。

2. 功能

验电器应通过信号状态的改变，明确指示"有电压"或"无电压"，指示可为声和（或）光形式或其他的明显可辨的指示方式。验电器在标称电压或标称电压范围以及标称频率情况下，应能清晰指示系统工作电压"有"和（或）"无"。

在正常的光照和背景噪声条件下，验电器在达到启动电压后应能给出清晰易辨的指示。

验电器的指示分为以下三类：

（1）给出至少两个清晰有效的信号指示，为"有电压"和"无电压"两种情况。"待机"状态不包括在内。

（2）给出至少一个清晰有效的信号指示，一般为"无电压"，它通过手动操作激活，当接触电极与带电体接触时关闭。

（3）给出至少一个有效信号，一般为"有电压"，并且应有一个"待机"状态。

启动电压 U_t 应满足 $0.10U_{n \cdot max} \leqslant U_t \leqslant 0.45U_{n \cdot min}$（最小、最大标称电压分别标记为 $U_{n \cdot min}$、$U_{n \cdot max}$）。对于单一标称电压的验电器，$U_{n \cdot min} = U_{n \cdot max}$。

3. 电气性能

验电器所使用的绝缘材料及尺寸应符合验电器标称电压（或标称电压范围中最大的电压值）的要求。绝缘杆的材料性能应符合《带电作业用空心绝缘管、泡沫填充绝缘管和实心绝缘棒》（GB 13398—2008）的要求。整体式验电器的绝缘部件应保证给用户提供足够的绝缘性能；分体式验电器应采用合适的绝缘杆，以保证给用户提供足够的绝缘性能。验电器在正常操作时，如同时触及被测装置的不同电位的部件，或者触及带电部位和接地体，不应导致闪络和击穿发生。验电器在正常验电时，不应由于电火花的作用致使显示器毁坏或停止工作。

4. 机械性能

整体式验电器至少应包括手柄、护手、绝缘部件、限度标志、指示器、接触电极等，如图 4-12（a）所示。

分体式验电器必须至少包括连接件、指示器、接触电极等部件，如图 4-12（b）所示。

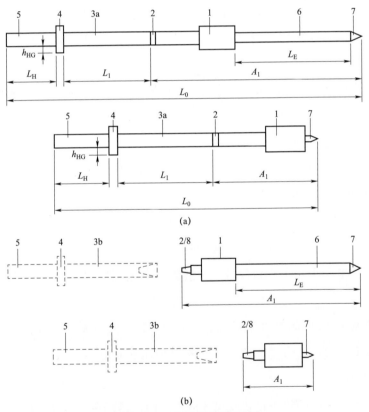

图 4-12　验电器设计示例

（a）整体式验电器（包括其绝缘部件）；（b）分体式验电器（带有绝缘杆）

1—指示装置；2—限度标记；3a—绝缘部件；3b—绝缘杆；4—护手环；5—手柄；

6—接触电极延长段；7—接触电极；8—连接件；h_{GH}—护手环高度；L_H—手柄长度；

L_1—绝缘元件长度；L_E—接触电极延伸长度；L_0—验电器总长；A_1—插入深度（长度）

验电器的设计应满足在合理施力下能方便可靠地操作。验电器的设计应保证与测试装置的安全距离，应尽量减小验电器自重造成的弯曲。验电器的质量应在满足性能要求的情况下减到最小。指示器和接触电极延长段应具有抗振性，能承受机械冲击。验电器在工作条件下应具有抗跌落性。

4.2.2　验电器的预防性试验方法

验电器应每隔一年进行一次预防性试验，试验项目包括目视检查和电气试验（交流耐压试验、操作冲击耐压试验、自检试验）。

验电器

1. 目视检查

检查验电器的各部件，包括手柄、护手环、绝缘元件、限位标记和接触电极、指示器和绝缘杆等均应无明显损伤。各部件连接应牢固可靠，指示器应密封完好，表面应光滑、平整，指示器上的标志应完整。绝缘杆内外表面应清洁、光滑，无划痕及硬伤。验电器目视检查如图 4－13 所示。

图 4-13　验电器目视检查

2. 电气试验

（1）交流耐压试验。验电器绝缘操作杆的交流耐压试验要求参照第 2 章绝缘杆的预防性试验方法。验电器绝缘操作杆交流耐压试验如图 4－14 所示。

图 4-14　验电器操作杆交流耐压试验

（2）启动电压试验。启动电压的测量采用球和环电极，球电极在环电极之后和之前的试验布置分别如图 4-15 和图 4-16 所示，其对应的试验布置参数分别见表 4-7 和表 4-8。应根据验电器的类型选择相应的电极布置，图 4-15 所示为 S 类型验电器的试验布置，图 4-16 所示为 L 类型验电器的试验布置。对于有标称电压范围的验电器，应按照最高标称电压进行试验布置。试验时，验电器的接触电极与球电极接触，指示器近似位于环电极中心线上（水平轴上）。升高试验电压，当指示器的指示信号改变时，测量验电器的启动电压。如果测量的启动阈值电压满足前述规定，认为试验通过。球和环电极的连接如图 4-17 所示。

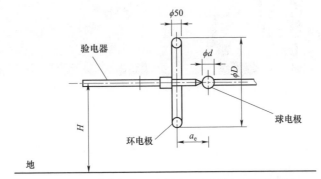

图 4-15　球电极在环电极之后的试验布置示意图

表 4-7　　　　　　　　球电极在环电极之后的试验布置参数　　　　　　　　（mm）

U_n（kV）	电极间隔距离 a_e	H	环直径 D	球直径 d	（3D）与墙壁和天花板的间距 W
10	100				
20	270	1500	550	60	＞1650
35	430				

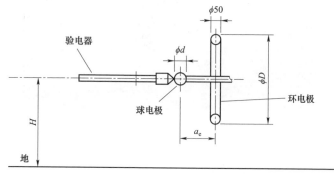

图 4-16　球电极在环电极之前的试验布置示意图

表 4-8　　　　　　　　球电极在环电极之前的试验布置参数　　　　　　　　（mm）

U_n（kV）	电极间隔距离 a_e	H	环直径 D	球直径 d	（3D）与墙壁和天花板的间距 W
10					
20	300	1500	550	60	＞1650
35					

图 4-17　球和环电极的连接

139 ……

（3）自检试验。按照操作程序和步骤对验电器进行自检回路检测，重复进行 3 次自检；每次自检都有视觉和（或）听觉信号，则试验通过。验电器自检如图 4-18 所示。

图 4-18　验电器自检

4.3　绝缘斗臂车

4.3.1　绝缘斗臂车的基本性能

绝缘斗臂车具有绝缘高架装置与其运载工具和有关设备，是用来提运工作人员和使用器材在配电网开展带电作业的特种车辆，简称斗臂车。斗臂车主要由车辆平台、操控系统、绝缘系统、安全系统等组成：车辆平台包括车辆底盘、作业装置机构等；操控系统由液压系统、电气系统及各机构的操作装置构成；绝缘系统由主绝缘臂、绝缘工作斗、绝缘介质等构成；安全系统包括斗臂车作业时的各种安全保护系统。

1. 分类

（1）斗臂车按配置分为基本型和扩展型，其功能配置见表 4-9。基本型为斗臂车需要具备的最基本功能；扩展型为斗臂车满足基本功能后，为提高整车性能而增加的功能配置，扩展型车辆必须具备尽可能多的功能配置。

表 4-9   斗 臂 车 功 能 配 置

序号	配置要求	基本型	扩展型
1	最大作业高度：双人斗≥15m；单人斗≥10m	●	●
2	最大作业高度时作业幅度≥3m	●	●
3	绝缘工作斗额定荷载：双人斗≥270kg；单人斗≥120kg	●	●
4	回转角度 360°左右连续回转	●	●
5	斗运动速度≤0.5m/s	●	●
6	支腿着地检测装置	●	●
7	臂架材质增强型玻璃纤维（FRP）绝缘材料	●	●
8	支腿型式 H 型或 A 型支腿	●	●
9	液压调平或机械调平	●	●
10	单独可调支腿操控装置	●	●
11	车体接地装置	●	●
12	单人斗摆臂摆动角≥180°（左右 90°）； 双人斗摆动角度≥90°（左右 45°）	●	●
13	支腿水平伸出检测装置	○	●
14	进行单边支腿水平伸出作业或任意支腿跨距作业	○	●
15	作业机构速度智能调节	○	●
16	发动机油门自动调节	●	●
17	工作臂自动收回操作	○	●
18	工作臂防干涉装置	○	●
19	防倾翻控制	●	●
20	绝缘斗垂直升降	○	●
21	绝缘斗部超负荷报警	○	●
22	电动力低噪声作业方式	○	●
23	显示车辆实际工况状态（如作业高度、作业幅度、斗负荷等）	○	●
24	斗部最大起吊质量≥450kg	○	●
25	斗部具备液压工具接口	●	●

续表

序号	配置要求	基本型	扩展型
26	导航装置	○	●
27	倒车辅助系统	○	●

注　●表示应具备的功能；○表示可具备的功能。

（2）斗臂车按伸展结构可分为伸缩臂式、折叠臂式和混合式三种，如图 4−19 所示。

2. 功能要求

（1）斗臂车的各机构应保证绝缘工作斗起升、下降时动作平稳、准确，无爬行、震颤、冲击及驱动功率异常增大等现象。

（2）绝缘工作斗的起升、下降速度应不大于 0.5m/s。

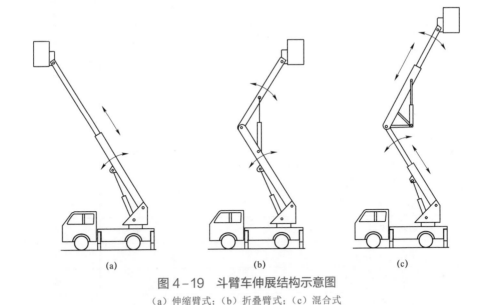

(a)　　　　　　　　　(b)　　　　　　　　　(c)

图 4−19　斗臂车伸展结构示意图

（a）伸缩臂式；（b）折叠臂式；（c）混合式

（3）带有回转机构的斗臂车，回转时作业斗外缘的线速度不大于 0.5m/s，起动、回转、制动应平稳、准确，无抖动、晃动现象；在行驶状态时，回转部分不应产生相对运动。

（4）斗臂车在行驶状态下，支腿收放机构应确保各支腿可靠地固定在斗臂车上，支腿最大位移量应不大于 5mm。

（5）斗臂车的伸展机构及驱动控制系统应安全可靠，绝缘工作斗在额定荷载下起升时应能在任意位置可靠制动。制动后 2h，绝缘工作斗下沉量应不超过该工况绝缘工作斗高度的 0.3%。

（6）斗臂车空载时，绝缘工作斗最大高度误差应不大于公称值的 0.4%。

（7）支腿纵、横向跨距误差应不大于公称值的 1%。

（8）斗臂车前、后桥的负荷应符合《汽车、挂车及汽车列车外廓尺寸、轴荷及质量限值》（GB 1589—2016）的要求。

（9）斗臂车的调平机构应保证绝缘工作斗在任一工作位置均处于水平状态。绝缘工作斗底面与水平面的夹角应不大于 3°，调平过程必须平稳、可靠，不得出现震颤、冲击、打滑等现象。

3. 电气性能

斗臂车的绝缘臂、工作斗以及臂内的液压系统应具备良好的绝缘性能，绝缘臂和整车工频耐压见表 4-10，绝缘部件的定期电气试验要求见表 4-11。

表 4-10　　　　　　　　　　　绝缘臂和整车工频耐压

额定电压 (kV)	1min 工频耐压试验		交流泄漏电流试验		
	试验距离 L (m)	试验电压 (kV)	试验距离 L (m)	试验电压 (kV)	泄漏电流 (μA)
10	0.4	45	1.0	20	≤500
20	0.5	80	1.2	40	
35	0.6	95	1.5	70	

表 4-11　　　　　　　　　　　绝缘部件的定期电气试验要求

测试部位	试验类型	试验电压 (kV)	试验距离 L (m)	泄漏电流值 (μA)
下臂绝缘部分	1min 工频耐压	45	—	—
绝缘斗	1min 层向工频耐压	45	—	—

测试部位	试验类型	试验电压（kV）	试验距离 L（m）	泄漏电流值（μA）
绝缘斗	表面交流泄漏电流	20	0.4	≤200
绝缘斗	1min 表面工频耐压	45	0.4	—
绝缘吊臂	1min 工频耐压	45	0.4	—

4. 机械性能

斗臂车主要机械性能见表4-12。

表4-12　　　　　　　　　斗臂车的机械性能

序号	名称	单位	参数值
1	最大作业高度	m	双人斗≥15；单人斗≥10
2	最大作业高度时作业幅度	m	≥3
3	绝缘工作斗额定荷载	kg	双人斗≥270，计算荷载应考虑人体（100kg）和工具（70kg）质量；单人斗≥120
4	绝缘工作斗尺寸	mm	绝缘工作斗宽度≥450；单人绝缘工作斗长度≥500；双人绝缘工作斗长度≥1000
5	回转角度	（°）	360°左右连续回转
6	回转速度	r/min	≤2
7	绝缘工作斗运动速度	m/s	≤0.4
8	绝缘工作斗摆动角度	（°）	双人斗≥90°（左右45°）；单人斗≥180°（左右90°）

4.3.2　斗臂车的预防性试验方法

斗臂车应每隔一年进行一次预防性试验，试验项目包括目视检查和电气试验（交流耐压试验及泄漏电流试验）。

绝缘斗臂车

1. 目视检查

检查绝缘斗、臂表面的损伤情况，如裂缝、绝缘剥落、深度划痕等，对内衬、外斗的壁厚进行测量，确认是否符合制造厂的壁厚限值。斗臂车目视检查如图 4-20 所示。

图 4-20　斗臂车目视检查

2. 电气试验

斗臂车交流耐压试验及泄漏电流试验项目及布置情况应满足下述要求。

（1）具有泄漏电流报警系统的斗臂车上臂的电气试验：

1）斗臂车试品按图 4-21 布置。

2）在整个试验期间，绝缘下臂或底盘的绝缘系统应短接，拐臂处也应短接。连接跳线应为截面积 $32mm^2$ 以上的宽铜带。

3）在整个试验期间，上臂末端的所有导电部分应短接。对于可进行等电位作业的斗臂车，应将金属内斗插入外斗中并短接。

4）在整个试验期内，通过绝缘臂部分的液压管路应充满液压油。

5）汽车底盘应接地。

6）在正式试验之前，应检查金属监视"检验"带与插座的连接情况，电流表的接线柱与地之间用屏蔽电缆连接。

7）试验电源为交流电源。

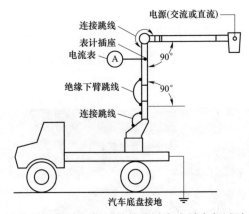

图 4-21 具有泄漏电流报警系统的斗臂车上臂电气试验布置示意图

（2）无泄漏电流报警系统的斗臂车上臂的电气试验：

1）斗臂车试品按图 4-22 布置（伸缩臂的绝缘部分应按照情形伸展开）。

2）在整个试验期间，绝缘下臂部分或底盘的绝缘系统应短接，扶手也应短接。接地引下线应为截面积 32mm² 以上的宽铜带。

3）在整个试验期间，上臂末端的所有导电部分应短接。

4）在整个试验期间，通过绝缘臂部分的液压管路应充满液压油。

5）汽车底盘应通过电流表接地，车轮和支腿（如果使用）应用绝缘材料垫起来。

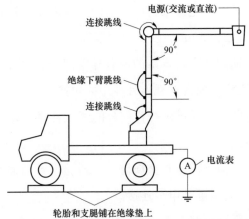

图 4-22 没有泄漏电流报警系统的斗臂车上臂电气试验布置示意图

6）电流表与汽车底盘和地之间用屏蔽电缆连接。

7）试验电源为交流电源。

（3）绝缘下臂或汽车底盘绝缘系统的电气试验：

1）斗臂车试品按图 4－23 布置。

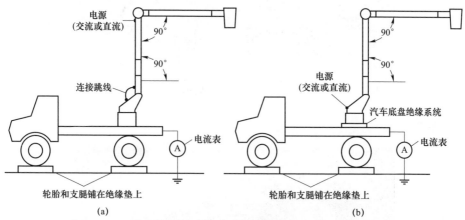

图 4－23　绝缘下臂或汽车底盘绝缘系统电气试验布置示意图
（a）绝缘下臂的试验；（b）汽车底盘的试验

2）确认绝缘下臂和底盘绝缘系统已短接。

3）在整个试验期间，通过绝缘臂部分的液压管路应充满液压油。

4）汽车底盘应通过电流表接地，车轮和支腿（如果使用）应用绝缘材料垫起来。

5）电流表与汽车底盘和地之间用屏蔽电缆连接。

6）试验电源为交流电源。

试验过程如图 4－24～图 4－27 所示。

（4）绝缘工作斗内斗的层向耐压试验。内斗的层向耐压试验如图 4－28 所示。将内斗放入金属制成的容器中，应搁在容器底部的大平板电极上，容器和内斗应充满水或导电液体（最大电阻率为 50Ω·m），液面距内斗顶部的距离为 0.2m。高压电极悬挂在内斗中，加压要求见表 4－9。试验步骤如图 4－29～图 4－31 所示。

图 4-24　绝缘臂上粘贴导电胶带

图 4-25　绝缘臂下电极接入电流表

图 4-26　绝缘斗臂车金属部分短接

图 4-27　绝缘下臂交流耐压试验

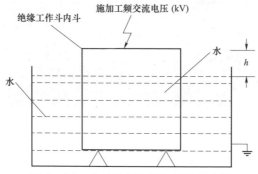

图 4-28　内斗的层向耐压试验示意图

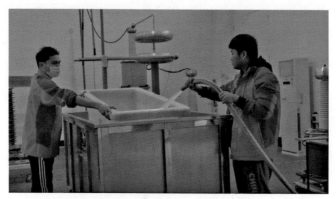

图 4-29　将内斗放入水槽中并灌水

图 4－30　控制液面距内斗顶部的距离

图 4－31　开展绝缘工作斗层向交流耐压试验

（5）绝缘工作斗外斗的电气试验：

1）如果外斗是绝缘的，则应定期做外斗电气试验。

2）表面耐受试验应该在外斗的外表面进行。试验中，两个电极的布置距离为 0.4m，加压要求见表 4－9。外斗（或内斗）的表面泄漏试验如图 4－32 所示，试验步骤如图 4－33 和图 4－34 所示。

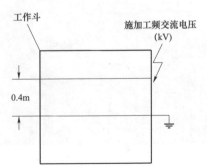

图 4－32　外斗（或内斗）表面泄漏试验示意图

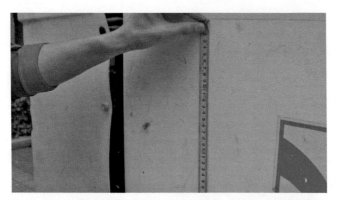

图 4-33 绝缘工作斗表面粘贴导电胶带（测量长度及间距）

图 4-34 开展交流耐压试验

（6）绝缘斗臂车高架装置内的液压油应进行击穿强度试验，试验按照《绝缘油　击穿电压测定法》（GB/T 507—2002）的规定进行。

4.4 水冲洗工具

4.4.1 水冲洗工具的基本性能

带电水冲洗是用压力水柱清洗电力设备外绝缘的一种带电作业方式。它所使用的水冲洗工具主要包括水枪及其辅助连接件、引水管、水泵、接地装置、储水容器、净化水设备和水电阻率测量仪。

1. 功能要求

（1）水枪。水枪的通水部件应能承受配套的水泵的排出压力，水枪喷口的形状及内表面粗糙度应满足水柱长度及水流密集的要求，一般采用耐锈蚀的金属材料或工程塑料制成。在实际使用压力下，喷射的水柱在规定长度内应呈直柱状态。

（2）引水管。引水管表面应光滑、平整，无气泡和裂纹，连接应牢固，无松动和漏水现象，能承受配套水泵的 1.2 倍额定排水压力，且无明显的扩径、渗透。

（3）水泵。水泵的额定排出压力和流量应满足表 4－13 的要求。

表 4－13　　　　　　　　　　　水泵的额定排出压力和流量

技术要求	额定排出压力（kPa）	流量（L/min）
手动水泵	785	8
机动水泵	1961	20

水柱长度超过 1.0m 的宜采用机动水泵。机动水泵应有稳压、调压、回水装置、控制阀门和压力表。原动力机的转速应与水泵匹配，功率储备系数应不小于 1.5。在额定压力和额定转速时，机动水泵的容积率不得小于 90%，轴效率应达到 85%；在最大排出压力时，机动水泵的压力波动应不超过±0.6%。机动水泵曲轴箱内润滑油的温升不允许超过 30K。

（4）储水容器。储水容器应采用不影响水电阻率的材料制成，其进水口应设防尘盖和过滤网。对不易明辨水位变化的储水容器，应设水位监察装置。储水容器应有足够的机械强度，且应便于携带和使用。

（5）净化水设备。水冲洗装置一般采用两级反渗透装置进行水净化，必要时加装离子交换装置，净化后的水电阻率应达到 $1 \times 10^5 \Omega \cdot cm$。

（6）水电阻率测量仪。水电阻率测量仪应为多量限的携带型的读数式仪表。表面刻度应清晰、均匀，指针应平直，表壳应密封、牢固。水电阻率测量仪应能在周围环境温度 0～40℃、相对湿度不大于 85%的条件下正常工作。水电阻率测量仪应能防振、防潮，且能在 5.0kV/m 的电场强度下正常工作。

2. 电气性能

水枪操作杆必须选用按《带电作业用空心绝缘管、泡沫填充绝缘管和实心绝缘棒》（GB 13398—2008）要求进行了型式试验和出厂试验的绝缘材料制作，在使用中还应定期进行预防性试验，试验的周期为一年；试验项目包括外观检查及电气试验。水冲洗工具电气试验要求见表 4–14。

表 4–14　　　　　　　　　　水冲洗工具电气试验要求

额定电压（kV）	试验电压（kV）	水柱长度（m）	试验时间（min）	泄漏电流（mA）
10	15	0.4	5	≤1
20	26	0.5	5	≤1
35	46	0.6	5	≤1

3. 机械性能

（1）水泵的额定排出压力和流量应不低于表 4–13 的要求。

（2）整组清洗工具在仰角 45° 喷射时，呈直柱状态的水柱长度不得小于表 4–15 的规定。

表 4–15　　　　　　　　　喷 射 的 水 柱 长 度

额定电压（kV）	10	35	66	110	220	500
水柱长度（m）	0.8	1.0	1.3	1.5	2.1	5.0

4.4.2　水冲洗工具的预防性试验方法

水冲洗工具应每年进行一次预防性试验，试验项目包括目视检查和电气试验（整套冲洗设备交流泄漏电流试验、水泵压力和流量试验、整组试验）。

1. 目视检查

水枪、引水管的表面质量采用目视检查，内径用游标卡尺测量。水枪内表面应平整、光滑，引水管应无气泡、变径及裂纹等缺陷。

2. 电气试验

水冲洗工具的交流泄漏电流试验布置如图4-35所示。将整体组装好的水冲洗装置对准相应电压等级的支柱绝缘子进行喷水冲洗，其中水冲洗工具仰角为45°，试验电压值和水柱长度分别按表4-14和表4-15设置，测量流过水枪的泄漏电流不应大于表4-14中数值。

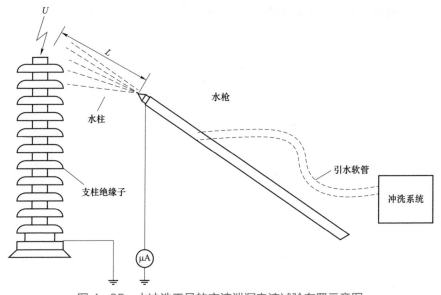

图4-35　水冲洗工具的交流泄漏电流试验布置示意图

4.5　10kV 带电作业用消弧开关

4.5.1　10kV 带电作业用消弧开关的基本性能

带电作业用消弧开关是由消弧管、开关断口及机械联动装置组成的，具有开合空载架空和电缆线路电容电流功能和一定灭弧能力的开关装置。

1. 功能要求

消弧开关包括触头、灭弧室、操动机构等部件。其中，操动机构宜采用人

（手）力储能机构，以实现开关快速的开断或关合；灭弧室一般采用透明结构，可直接观察到开关触头的开合状态；用于带电断空载电缆引线作业的消弧开关应采用快速开断式操动机构，而对于接空载电缆引线作业的消弧开关则采用快速关合式操动机构。

带电作业用消弧开关使用条件如下。

（1）温度：-25～+40℃。

（2）湿度：≤80%。

（3）海拔：≤1000m。

（4）当断、接空载电缆电容电流不小于 0.1A 时，应使用 10kV 带电作业用消弧开关进行操作。

2. 电气性能

（1）10kV 带电作业用消弧开关的额定电压为 10kV，额定频率为 50Hz。

（2）消弧开关对电容电流的关合及开断能力不小于 5A。

（3）开断状态下，灭弧室及触头的工频耐压水平为 42kV/1min。

（4）配套操作杆的耐压水平为 45kV/1min，试验长度 0.4m。

3. 机械性能

消弧开关应操作安全、可靠、方便，其应依靠操动机构完成整个操作程序，操动机构装置确保分、合闸操作的准确性和可靠性。操动机构操作寿命不小于 1000 次操作循环。

4.5.2　10kV 带电作业用消弧开关的预防性试验方法

消弧开关应每隔半年进行一次预防性试验，试验项目包括目视检查和电气试验（交流耐压试验）。

消弧开关

1. 目视检查

检查消弧开关（包括触头、灭弧室、操动机构等），应带有绝缘操作杆，或带有方便绝缘杆操作的挂杆、挂环等部件。消弧开关外观应光滑，无皱纹、开裂或烧痕等。各部件之间应连接牢靠。消弧开关目视检查如图 4-36 所示。

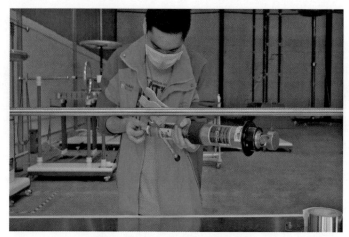

图 4-36　消弧开关目视检查

2.电气试验

在断开状态下的灭弧室及触头应进行交流耐压试验,只进行干态试验。试验电压加至静触头和动触头之间,试验电压 42kV,持续时间 1min;以灭弧室及触头无闪络、无击穿为合格。试验步骤如图 4-37 和图 4-38 所示。

图 4-37　将消弧开关的线夹连接到高压棒型电极

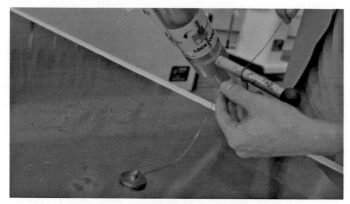

图 4-38　将消弧开关的操作手柄接地

4.6　10kV 旁路作业设备

4.6.1　10kV 旁路作业设备的基本性能

旁路作业是通过旁路设备的接入，将配电线路中的负荷转移至旁路系统，实现待检修设备停电检修的作业方式，其所适用的主要旁路设备包括旁路负荷开关、旁路柔性电缆和旁路电缆连接器。

4.6.1.1　旁路负荷开关

1. 功能要求

（1）旁路负荷开关应带有核相功能。

（2）旁路负荷开关宜采用 SF_6 绝缘。

（3）旁路负荷开关外壳应带有接地螺栓。

（4）旁路负荷开关与旁路电缆的连接应方便可靠。

（5）旁路负荷开关的分合指示标志应清楚、明显。

（6）旁路负荷开关的分闸、合闸应有闭锁装置。

（7）旁路负荷开关应有压力显示和失压闭锁装置。

2. 电气性能

旁路负荷开关的电气性能应满足表 4-16 的要求。

表 4-16 旁路负荷开关电气性能要求

电压等级（kV）	工频耐压（kV）			额定电流（A）	关合短路电流能力（kA）	电动力稳定水平	热稳定短路耐受程度	开关导通的接触电阻（μΩ）
	对地	相间	断口					
10	45	45	45	200	40	40kA/200ms	16kA/3s	＜200
20	55	55	55	200	40	40kA/200ms	16kA/3s	＜200

3. 机械性能

旁路负荷开关机械性能应满足：

（1）开关外壳的防护等级应为 IP68。

（2）开关的机械寿命应不小于 3000 次。

（3）开关的开断时间应小于 20ms。

（4）开关的三相分断的差异应小于 5ms。

（5）开关如果采用 SF$_6$ 绝缘，SF$_6$ 气体年泄漏率应小于 0.5%。

4.6.1.2 旁路柔性电缆

1. 功能要求

旁路柔性电缆结构要求如下：

（1）旁路柔性电缆应为单芯电缆。

（2）旁路柔性电缆应包括导电芯、绝缘层、屏蔽层及外护套等。

1）旁路柔性电缆的导电芯一般由多股软铜线构成，其截面积宜不小于 35mm^2。

2）旁路柔性电缆的绝缘层一般由乙丙橡胶、热可塑性合成橡胶、耐热弹性交联聚乙烯等材料制成，其厚度宜不小于 5.0mm。

3）旁路柔性电缆的屏蔽层一般由镀锌铜丝及纤维混编制成，其截面积宜不小于 10mm²。

4）旁路柔性电缆的外护套一般由耐候橡胶制成，其厚度宜不小于 2.0mm。

2．电气性能

旁路柔性电缆的电气性能应满足表 4－17 和表 4－18 的要求。

表 4－17　　　　　　　　　旁路柔性电缆工频耐压等电气性能要求

电压等级 （kV）	1min 工频耐压 （kV）	雷电冲击	局部放电（1.7U_0） （pC）	绝缘电阻 （MΩ）
10	45	±75kV/10 次	≤10	＞500
20	55	±125kV/10 次	≤10	＞500

表 4－18　　　　　　　　　旁路柔性电缆通流能力等电气性能要求

导电芯截面积 （mm²）	通流能力 （A）	温升 （K）	正常运行最高 温度（℃）	短路允许最高 温度（℃）	热稳定电流 水平	电动力 水平
35	150	≤55	＞100	＞250	10 030A/0.5s	40kA/200ms
50	200	≤55	＞100	＞250	10 030A/0.5s	40kA/200ms

3．机械性能

旁路柔性电缆的机械性能应满足：

（1）旁路柔性电缆的可弯曲半径不得大于 8 倍的电缆外径。

（2）旁路柔性电缆可重复多次敷设、回收使用。在弯曲半径为 8 倍电缆外径重复进行弯曲试验 1000 次，其电气性能和机械性能均保持完好。

4.6.1.3　旁路电缆连接器

1．功能要求

旁路电缆连接器的一般功能要求包括：

（1）旁路电缆连接器应与旁路柔性电缆及旁路负荷开关等装置配套。

（2）旁路电缆连接器包括中间连接器及电缆终端两种类型。其中，中间连接器包括快速插拔直通接头和 T 型接头等类型；电缆终端包括与中间连接器或旁路负荷开关连接用，以及与架空导线或环网柜（分支箱）连接用等类型。

（3）快速插拔式电缆连接器应对接方便，对接后应有牢固、可靠的闭锁装置；在解除闭锁装置后，可方便地由对接状态改变到分离状态。

（4）旁路电缆连接器的金属外壳应与旁路电缆屏蔽层可靠连接。

2. 电气性能

旁路电缆连接器的电气性能应满足表 4-18 和表 4-19 的要求。

表 4-19 旁路电缆连接器工频耐压等电气性能要求

电压等级 （kV）	1min 工频耐压 （kV）	雷电冲击	局部放电（$1.7U_0$） （pC）	绝缘电阻 （MΩ）
10	45	±75kV/10 次	≤10	>500
20	55	±125kV/10 次	≤10	>500

注 工频耐压试验要求将试品浸入水平面以下 0.5m，试验时间 2h。

3. 机械性能

旁路电缆连接器机械性能应满足：

（1）连接器的机械寿命不小于 1000 次循环（对接与分离为 1 个循环）。

（2）正常运行时，旁路电缆连接器绝缘体的允许温度不小于 100℃。

（3）短路时，旁路电缆连接器的允许温度不小于 250℃。

4.6.2　10kV 旁路作业设备的预防性试验方法

10kV 旁路作业设备应每隔一年进行一次预防性试验，试验项目包括目视检查和电气试验（交流耐压试验）。

1. 目视检查

所有旁路作业设备必须进行外观检查，试品应光滑，无皱纹或开裂。旁路作业设备目视检查如图 4-39 所示。

2. 电气试验

（1）旁路柔性电缆与旁路电缆连接器组合后的交流电压试验：将连接好的柔性电缆和连接器放入 0.5m 深的水中 2h，然后对电缆施加 45kV

交流电压1min,组合试品以无击穿为合格。试验步骤如图4-40~图4-42所示。

图4-39 旁路作业设备目视检查

图4-40 在连接器处均匀涂抹导电硅脂

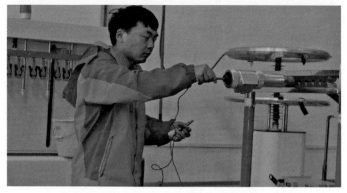

图4-41 柔性电缆与连接器组合放置在绝缘支架上并接高压引线

图 4-42　柔性电缆另一端接地

（2）负荷开关交流耐压试验：按表 4-16 的要求对负荷开关相地、相间和同相断口之间进行交流耐压试验，施加 42kV 交流电压 1min，以无闪络、无击穿为合格。